"十二五"普通高等教育本科国家级规划教材配套参考书
机械设计制造及其自动化专业系列教材

机械制造技术基础课程设计指导

Jixie Zhizao JiShu Jichu Kecheng Sheji Zhidao

张冠伟　编

高等教育出版社·北京

内容简要

本书为"十二五"普通高等教育本科国家级规划教材,高等教育出版社出版的、张世昌等主编的《机械制造技术基础》(第三版)的配套教材。

本书的主要内容包括机械制造技术基础课程设计的目的及内容要求、机械加工工艺规程作用与格式、工序卡中工序图的绘制、工程材料的分类及制造性能、毛坯类型选择及毛坯图绘制、机床及工艺装备、零件工艺分析及工艺路线确定、工序设计、机床专用夹具设计、夹具总装配图绘制、数控编程基础、典型零件加工实例。

本书可以用作普通高等院校机械工程专业和机械设计制造及其自动化专业机械制造技术基础课程设计指导教材或参考资料,也可作为普通高等院校其他相关专业的参考书,以及供广大机械类专业的学习者、从事机械制造的工程技术人员参考使用。

图书在版编目(CIP)数据

机械制造技术基础课程设计指导/张冠伟编.--北京:高等教育出版社,2018.8(2023.5重印)

机械设计制造及其自动化专业系列教材

ISBN 978-7-04-049895-0

Ⅰ.①机… Ⅱ.①张… Ⅲ.①机械制造工艺-高等学校-教学参考资料 Ⅳ.①TH16

中国版本图书馆 CIP 数据核字(2018)第 117525 号

| 策划编辑 | 杜惠萍 | 责任编辑 | 杜惠萍 | 封面设计 | 李卫青 | 版式设计 | 王艳红 |
| 插图绘制 | 于 博 | 责任校对 | 高 歌 | 责任印制 | 朱 琦 | | |

出版发行	高等教育出版社	咨询电话	400-810-0598
社　　址	北京市西城区德外大街 4 号	网　　址	http://www.hep.edu.cn
邮政编码	100120		http://www.hep.com.cn
印　　刷	涿州市京南印刷厂	网上订购	http://www.hepmall.com.cn
			http://www.hepmall.com
开　　本	787mm×1092mm　1/16		http://www.hepmall.cn
印　　张	13.5	版　　次	2018 年 8 月第 1 版
字　　数	340 千字	印　　次	2023 年 5 月第 3 次印刷
购书热线	010-58581118	定　　价	26.00 元

本书如有缺页、倒页、脱页等质量问题,请到所购图书销售部门联系调换
版权所有　侵权必究
物 料 号　49895-00

前　言

本书为高等教育出版社出版的、张世昌等主编的"十二五"普通高等教育本科国家级规划教材《机械制造技术基础》(第三版)的配套教材,是机械制造技术基础课程设计指导用书。

本书旨在为学生学完机械制造技术基础课程后进行课程设计时,提供必要的参考资料及相关标准索引,帮助学生能按照工程文档的要求编写工艺文件,完成课程设计任务。

本书按照课程设计流程的顺序编写,同时作为主教材的配套辅助用书,增加部分示例说明。由于课程设计过程中需要查阅的手册和标准较多,所以本书给出标准号作为索引,以便于读者网上搜索查阅。提供分类典型零件加工实例,分别对零件分析、定位基准选择、加工方法确定、工序顺序安排、夹具设计等给出简要说明,帮助读者理论联系实际,针对具体问题具体分析。

本书共分为九章,主要内容包括机械制造技术基础课程设计的目的及内容要求、机械加工工艺规程的作用与格式、工序卡中工序图的绘制、工程材料的分类及制造性能、毛坯类型选择及毛坯图绘制、机床及工艺装备、零件工艺分析及工艺路线确定、工序设计、机床专用夹具设计、夹具总装配图绘制、数控编程基础、典型零件加工实例。

本书由天津大学张冠伟编。天津大学张世昌教授审阅了本书并提出了宝贵意见和建议,天津大学机械制造技术基础国家精品课程教学团队的各位老师为本书提供了部分素材,在此一并表示衷心的感谢。并对参考文献所列图书的作者表示感谢。

本书可以用作普通高等院校机械工程专业和机械设计制造及其自动化专业机械制造技术基础课程设计指导教材或参考资料,也可作为普通高等院校其他相关专业的参考书,以及供广大机械类专业的学习者、从事机械制造的工程技术人员参考使用。

由于编者水平所限,书中难免有不妥之处,恳请读者批评指正。

编者

2018 年 5 月

目 录

第1章 机械制造技术基础课程设计概述 ········ 1
1.1 课程设计的目的 ········ 1
1.2 设计的题目和内容 ········ 1
1.3 设计要求和方法指导 ········ 1
1.4 标准以及相关手册 ········ 6
1.5 图形绘制 ········ 7

第2章 机械加工工艺过程 ········ 9
2.1 工艺规程的作用与格式 ········ 9
2.2 工艺过程及其组成 ········ 12

第3章 工程材料类型及毛坯选择 ········ 26
3.1 工程材料概述 ········ 26
3.2 切削加工过程中的零件热处理 ········ 33
3.3 毛坯选择及毛坯图绘制 ········ 35

第4章 机床及工艺装备 ········ 41
4.1 机床 ········ 41
4.2 刀具 ········ 53
4.3 夹具 ········ 58
4.4 常用机械加工方法 ········ 62
4.5 常用量具 ········ 71
4.6 切削液 ········ 75

第5章 零件工艺分析及工艺路线确定 ········ 79
5.1 零件工艺分析 ········ 79
5.2 定位基准确定 ········ 84
5.3 零件表面加工方法选择 ········ 86
5.4 加工阶段划分与加工顺序安排 ········ 92

第6章 工序设计 ········ 94
6.1 工序基准选择 ········ 94
6.2 加工余量确定 ········ 94
6.3 工序尺寸计算及公差确定 ········ 106
6.4 机床及工艺装备选择 ········ 108
6.5 切削用量的选择 ········ 108
6.6 时间定额的确定 ········ 125

第7章 机床专用夹具设计 ········ 131
7.1 夹具的功能及设计要求 ········ 131
7.2 机床专用夹具设计流程 ········ 132
7.3 夹具结构方案选择 ········ 133
7.4 定位误差分析 ········ 149
7.5 夹具总装配图绘制 ········ 150
7.6 夹具示例 ········ 156

第8章 数控加工工艺设计 ········ 158
8.1 数控加工工艺设计概述 ········ 158
8.2 数控编程基础 ········ 163
8.3 数控加工实例 ········ 166

第9章 典型零件加工实例 ········ 171
9.1 轴类零件 ········ 171
9.2 箱体类零件 ········ 175
9.3 齿轮类零件 ········ 189
9.4 叉杆类零件 ········ 194
9.5 盘套类零件 ········ 202

参考文献 ········ 206

第1章 机械制造技术基础课程设计概述

本章要点

机械制造技术基础课程设计的目的及内容要求;工艺设计及夹具设计的总体流程;课程设计中查阅的相关手册及标准;按照国家标准绘制标题栏及明细栏。

1.1 课程设计的目的

机械制造技术基础课程设计是综合运用"机械制造技术基础"及相关课程内容,分析和解决实际工程问题的一个重要实践教学环节。通过课程设计培养学生制订零件机械加工工艺规程和分析工艺问题以及设计机床夹具的能力,并熟悉查阅、使用有关标准和设计资料、手册。机械制造技术基础课程设计是机械设计制造及其自动化专业学生未来从事工艺技术及技术管理工作的一次基本训练。

1.2 设计的题目和内容

机械制造技术基础课程设计的题目一般定为:制订某一中等复杂程度零件成批或大批生产加工工艺规程及零件加工过程中某工序的机床夹具设计,也可针对一组零件进行成组工艺和成组夹具设计。

设计应完成的内容如下:

1) 制订指定零件(或零件组)的工艺规程,对所制订的工艺进行必要的分析论证和计算,选择所用机床及工艺装备(夹具、刀具、量具、辅具),填写机械加工工艺过程卡;
2) 对所制订的工艺进行必要的分析论证和计算;
3) 确定毛坯制造方法及主要表面的总余量;
4) 确定主要工序的工序尺寸、公差和技术要求;
5) 填写2~3个主要工序的机械加工工序卡,绘制工序图,选择并填写切削用量;
6) 设计某一工序的机床夹具,按国家标准绘制夹具的装配图,对应设计夹具进行分析论证和主要的计算;
7) 编写工艺设计及夹具设计说明书。

1.3 设计要求和方法指导

1.3.1 分析设计对象

阅读零件图和产品装配图,了解其结构特点、技术要求及其在所装配部件中的作用,对零件进行工艺分析,审查零件的结构工艺性;确定零件的生产类型;分析零件上所有需要加工的型面,明确各加工表面的尺寸精度、形状精度、位置精度、表面粗糙度及热处理等方面的技术要求,着重理清楚主要加工面的精度要求以及主要表面的相互位置精度要求,做到心中有数。

1.3.2 确定毛坯制造方法及总余量

产品设计阶段已经确定了零件的材料,在制造阶段需要确定毛坯的类型、毛坯的制造方法、毛坯的尺寸和形状及制造精度。确定毛坯种类和制造方法时应考虑与所要求的生产类型(批量)相适应。

常用的机械零件的毛坯有铸件、锻件、焊接件、型材、冲压件以及粉末冶金、成形轧制件等。零件的毛坯种类有的已在图样上明确,如焊接件。有的随着零件材料的选定而确定,如选用铸铁、铸钢、青铜、铸铝等,此时毛坯必为铸件,且除了形状简单的小尺寸零件选用铸造型材外,均选用单件造型铸件。对于材料为结构钢的零件,除了重要零件(如曲轴、连杆)明确是锻件外,大多数只规定了材料及其热处理要求,这就需要根据零件的作用、尺寸和结构形状来确定毛坯种类。如作用一般的阶梯轴,若各阶梯的直径差较小,则可直接以圆棒料作毛坯;重要的轴或直径差大的阶梯轴,为了减少材料消耗和切削加工量,则宜采用锻件毛坯。确定锻件的分模面或铸件的分型面和浇冒口,以便在选择粗基准及确定定位和夹紧点时有所依据。

查阅手册或标准,确定主要表面的总余量、毛坯的尺寸和公差。如若对查表所得数据进行修正,需说明修正的理由。铸件尺寸公差与机械加工余量参阅 GB/T 6414—2017。钢质模锻件公差及机械加工余量参阅 GB/T 12362—2016。

绘制毛坯图。毛坯轮廓用粗实线绘制,零件实体用细双点画线绘制,比例尽量取 1∶1。毛坯图上应标出毛坯尺寸、公差、技术要求,以及毛坯制造的分模面、圆角半径和起模斜度等。

1.3.3 制订工艺规程

设计零件的结构、技术特点和生产批量将直接影响所制订的工艺规程的具体内容和详细程度,这在制订工艺路线的各项内容时必须随时考虑。

1. 定位基准的选择

根据定位基准的选择原则并结合被加工工件的具体情况,分别选择零件加工定位的精基准和粗基准。要求并考虑安装的准确和方便(包括基准重合和基准统一原则),选择表面最终加工所用精基准和中间工序所用的精基准。为加工上述精基准,选择毛坯面作为粗基准,保证主要表面的位置精度以及重要表面的余量均匀。

2. 表面加工方法的选择

分析零件所有需要加工的表面,针对主要表面的加工精度和表面粗糙度要求,由精到粗地确定各表面的加工方法。可查阅工艺手册中典型表面的典型加工方案和各种加工方法所能达到的经济加工精度,选择与生产批量相适应的加工方案和加工方法,对其他加工表面也做类似处理。

3. 零件加工方案(工艺路线)的确定

按照安排加工顺序的一般原则以及各种工艺手册资料中介绍的各种典型零件在不同产量下的工艺方案,进行工艺排序,确定工艺路线。其中已经包括了工艺顺序、工序集中与分散和加工阶段的划分等内容,以及在生产实习和工厂参观时所了解到的现场工艺方案,皆可供设计时参考。

对热处理工序、中间检验、清洗、终检等辅助工序,以及一些如去毛刺、倒角等次要工序(或工步),应注意在工艺方案中安排适当的位置,防止遗漏。

4. 各工序所用机床和工艺装备的选择

机床类型的选择应与设计零件的生产类型、零件的外轮廓尺寸和结构形状、该工序的加工质量要求、所用切削用量和切削功率等相适应,应尽量选用最经济的加工设备(及组合机床)。工艺装备包括刀具、夹具、量具、辅助工具等。刀具类型、材料、规格的选择主要取决于工序所采用的加工方法、加工表面的尺寸、工件的材料和结构特点、所要求的精度、表面粗糙度以及生产率和经济性等,应尽量采用标准刀具。机床、刀具的选择可参阅有关的工艺、机床和刀具手册。

5. 确定工序余量

用查表法确定各主要加工面的工序(工步)余量。因毛坯总余量已由毛坯(图)在设计阶段定出,故粗加工工序(步)余量应由总余量减去精加工、半精加工余量之和而得出。若某一表面仅需一次粗加工即成活,则该表面的粗加工余量就等于已确定出的毛坯总余量。

6. 工序尺寸及公差的确定

对简单加工的情况,工序尺寸可由后续加工的工序尺寸加上名义工序余量简单求得,工序公差可用查表法确定。对加工时有基准转换的较复杂的情况,须用工艺尺寸链来求算工序尺寸及公差。应注意设计基准与定位基准不重合时工序基准的选择与工序尺寸的标注的问题。

7. 切削用量的选择

查切削用量手册或工艺手册,选择切削用量的原则一般是在保证加工质量的前提下,使 a_p、f、v_c 的乘积最大,即工序的切削时间最短。因而,确定切削用量时应首先尽可能选择较大的 a_p,其次在工艺装备与技术条件允许的情况下选择最大的 f,最后再根据刀具使用寿命确定 v_c。对进行夹具设计的工序(工步)的切削用量用查表法初步定出,参照所用机床的实际转速、走刀量挡数最后修订之。

8. 确定时间定额

先对实际操作时间进行计算、测定和分析,再同定额员、技术工人共同讨论确定。课程设计时,可查阅手册进行基本时间计算及其他时间预估与累加。

9. 工艺方案和内容的论证

根据设计零件的不同特点,以下工艺论证内容可有选择地进行。对比较复杂的零件,可先考虑两个甚至更多的工艺方案,进行分析比较,择优而定,并在说明书中论证其合理性。当设计零件的主要技术要求是通过两个甚至更多的工序综合加以保证时,应用工艺尺寸链方法加以分析计算,从而有根据地确定有关工序的技术要求。对于影响零件的主要技术要求且误差因素较复杂的重要工序,需要分析论证该工序技术要求的保证情况,从而明确提出对定位精度、夹具设计精度、工艺调整精度、机床和加工方法精度甚至刀具精度(若有影响)等方面的要求;还包括其他的在设计中需要加以论证分析的内容。

10. 填写机械加工工艺过程卡片

通常,机械加工工艺规程被填写成表格(卡片)(此卡片即为机械加工工艺过程卡片)的形式,其格式按照机械行业标准 JB/T 9165.2—1998 中规定的工艺规程格式执行。机械加工工艺规程的详细程度与生产类型、零件的设计精度和工艺过程的自动化程度有关。机械加工以前的工序(如铸造、人工时效等)在机械加工工艺过程卡片中要有所记载,但不编工序号,机械加工工艺过程卡片在课程设计中只填写本次课程设计所涉及的内容。

11. 填写主要工序的工序卡

填写主要工序的机械加工工序卡,在工序卡上绘制工序简图。用简图表达出零件的定位面、被加工面、定位和夹紧方式(夹紧力作用点、方向等)、工序尺寸、工序技术要求。

工序简图按照缩小的比例画出,不一定很严格。如果零件复杂不能在工序卡片中表示,则可用另页单独绘出。工序简图尽量选用一个视图,图中工件是处在加工位置、夹紧状态,用细实线画出工件的主要特征轮廓,本工序的加工面用粗实线画出。为使工序简图能用最少视图表达,对定位夹紧表面以机械行业标准 JB/T 5061—2006 中规定的符号来表示。最后还要详细标明本工序的加工质量要求,包括工序尺寸和公差、表面粗糙度以及工序技术要求等。

对多刀、多工位加工,还应附有刀具调整示意图。限于时间,本课程设计中是否绘制刀具调整示意图由指导教师决定。

1.3.4 夹具设计

对夹具的设计可按下述三个步骤进行。

1. 夹具总体方案的构思和设计,绘制方案图(结构略图)

1) 根据零件加工工艺所给的定位基准和六点定位原理,进行定位分析,确定工件的定位方案并选择相应的定位元件,定位方案和定位元件的选择要能够保证工件的位置精度。

2) 确定刀具引导方式,并设计导向装置或对刀装置。

3) 确定工件的夹紧方法,并设计夹紧机构,注意夹紧力作用点、方向和夹紧力动力源的选择及多点夹紧机构的联动性。

4) 确定连接元件及其他元件或装置的结构形式。

5) 考虑各种元件和装置的布局,确定夹具体的总体结构,并绘制方案图(结构略图)。在考虑总体结构方案时,应多看些夹具图册并可去工厂调研。为使方案选择合理,应提出两个或两个以上方案进行分析比较。

2. 将确定的方案绘制成结构草图

夹具草图要求能够清晰表达夹具的工作原理和基本结构,各种元件和装置的相互位置要表达清楚。对夹具的主要部分,如定位元件的结构形式、夹紧装置的类型和结构、导向元件等,最好按 1∶1 比例绘出,便于检查其实现的可能性。对一些标准件(如定位销、螺栓、螺母等)可不必详细画出或只用位置中心线表示。对某些结构要素(如圆角、倒角等)在草图阶段不必画出。确定夹具和机床的连接方式,为此需要查阅机床手册或工艺设计手册。为节省画草图的时间,夹具草图可以用坐标纸来画。在确定夹具草图阶段,应同时对夹具的精度、夹紧力进行必要的分析计算。夹具草图经指导教师审阅后,便可绘制夹具总装配图。

3. 绘制夹具总装配图

绘制夹具总装配图时应注意以下几点:

1) 一般要求按照 1∶1 的比例画夹具总装配图,被加工零件在夹具总装配图上的位置用细双点画线画出,把工件轮廓视为透明体,不会挡住夹具图上的任何线条,并应画出定位面、夹紧面和加工面,画出定位元件及刀具导向元件。

2) 按夹紧状态画出夹紧元件及夹紧机构(必要时用细双点画线画出夹紧元件的松开位置)。

油缸、气缸均应标出工作行程,用细双点画线表示出放松的位置。钩形压板也要画出夹紧位置,并用细双点画线画出放松位置。

3) 注意视图的选择,主视图应面对工人操作的位置,应当用最少的视图将夹具的结构完全清楚地表达出来。因此,在画图之前应当仔细考虑各视图及剖面的配置与安排,使整个图面合理、完整。

4) 夹具设计的结构工艺性,主要是夹具零件的结构工艺性,与一般机械零件的结构工艺性相同,首先要尽量选用标准件和通用件,以降低设计和制造费用;其次要考虑加工的工艺性及经济性。夹具结构工艺性还应考虑夹具的装配方法与检验方法。夹具一般属于单件生产,多采用调整法和修配法进行装配,设计时应充分注意。

5) 夹紧总图应注明的尺寸包括:夹具外形轮廓尺寸,移动件的极限位置尺寸;与夹具定位元件、导向元件及夹具安装基准面有关的配合尺寸、位置尺寸及公差;夹具定位元件与工件的配合尺寸;夹具导向元件与刀具的配合尺寸;夹具与机床的连接尺寸及配合;关键部位的配合尺寸公差及装配技术要求;其他重要配合尺寸。夹具上有关尺寸公差和几何公差取工件上相应公差的 $1/5 \sim 1/2$,通常取 $1/3$。当生产批量较大时,考虑夹具的磨损,应取较小值;当工件本身精度较高时,为使夹具制造不是十分困难,可取较大值。当工件上相应的公差为自由公差时,夹具上有关尺寸公差常取 ± 0.1 mm 或 ± 0.05 mm,角度公差(包括位置公差)常取 $\pm 10'$ 或 $\pm 5'$。确定夹具公差带时,应保证夹具上有关尺寸的公差带刚好落在工件上相应尺寸公差带的中间。

夹具总装配图上标注的技术要求通常有以下几方面:定位元件与定位元件定位表面之间的相互位置精度要求;定位元件的定位表面与夹具安装面之间的相互位置精度要求;定位元件的定位表面与引导元件工作表面之间的相互位置精度要求;导向元件与导向元件工作表面之间的相互位置精度要求;定位元件的定位表面或引导元件的工作表面对夹具找正基准面的位置精度要求;与保证夹具装配精度有关的或与检验方法有关的特殊的技术要求。

6) 在装配图上应有标题栏、件号、技术要求、剖视图。自制件要编号,自制件的件数、材料均须在明细栏中列出。标准件可不编号,其规格、件数可在夹具图上直接标出。

1.3.5 编写说明书

设计说明书的主要内容应包括如下两个方面。

1. 工艺规程设计

包括零件图的分析、毛坯制造方法的选择、定位基准的选择、加工方法的选择、加工顺序的确定、余量与工序尺寸的确定、切削用量的选择等。其中,制订工艺路线部分要详细编写,包括工艺方案论证内容。

2. 夹具设计

夹具设计说明包括夹具的用途、工作原理、结构方案的选择和分析、定位误差分析和夹紧力的计算、精度分析、夹具的使用说明、本夹具的优缺点等。

写说明书要求重点突出,文字简练,层次分明,条理清楚。尽量用示意图或计算数据来说明问题,并对图表加以文字说明。

说明书的编写工作应从设计的开始之日起,逐日将设计的主要内容及分析计算等分阶段记录。每到一阶段,即可按要求逐段整理成文,设计结束前再进行整理补充。

课程说明书封皮及任务书按下发模板用于首页,接下去编排目录(应有页号),说明书正文是主体,并将工艺过程卡及工序卡按恰当位置附入,后记部分可写收获、体会以及意见或建议,最后列出设计中所用到的主要参考资料名称。

1.4 标准以及相关手册

机械制造技术基础课程设计,要在掌握和运用课程所学的关于制造的基本理论、原则和方法的基础上,查阅相关标准和工艺人员手册。

1.4.1 相关标准

课程设计过程所要查阅的标准较多,以下仅列出图样规范、材料牌号、工艺文件部分标准。

1. 图样规范

GB/T 18229—2000	CAD 工程制图规则
GB/T 4458.4—2003	机械制图　尺寸注法
GB/T 131—2006	产品几何技术规范(GPS)　技术产品文件中表面结构的表示法
GB/T 1182—2008	产品几何技术规范(GPS)几何公差　形状、方向、位置和跳动公差标注
GB/T 1800.1—2009	产品几何技术规范(GPS)　极限与配合　第1部分:公差、偏差和配合的基础
GB/T 1801—2009	产品几何技术规范(GPS)极限与配合　公差带和配合的选择
GB/T 1804—2000	一般公差　未注公差的线性和角度尺寸的公差

2. 材料牌号

GB/T 221—2008	钢铁产品牌号表示方法
GB/T 17616—2013	钢铁及合金牌号统一数字代号体系
GB/T 8063—2017	铸造有色金属及其合金牌号表示方法

3. 工艺文件

JB/T 9165.1—1998	工艺文件完整性
JB/T 9165.2—1998	工艺规程　格式
JB/T 9165.3—1998	管理用工艺文件　格式
JB/T 9166—1998	工艺文件编号方法
JB/T 9169.1—1998	工艺管理导则　总则
JB/T 9169.2—1998	工艺管理导则　产品工艺工作程序
JB/T 9169.3—1998	工艺管理导则　产品结构工艺性审查
JB/T 9169.4—1998	工艺管理导则　工艺方案设计
JB/T 9169.5—1998	工艺管理导则　工艺规程计划
JB/T 9169.6—1998	工艺管理导则　工艺定额编制
JB/T 9169.7—1998	工艺管理导则　工艺文件标准化审查
JB/T 9169.8—1998	工艺管理导则　工艺文件修改

JB/T 9169.9—1998	工艺管理导则	工艺验证
JB/T 9169.10—1998	工艺管理导则	生产现场工艺管理
JB/T 9169.11—1998	工艺管理导则	工艺纪律管理
JB/T 9169.12—1998	工艺管理导则	工艺试验研究与开发
JB/T 9169.13—1998	工艺管理导则	工艺情报
JB/T 9169.14—1998	工艺管理导则	工艺标准化

1.4.2 工艺手册

图书馆及网上可查阅到许多相关手册,以下主要列举编写本书时参阅的工艺手册及文献,以供参考。

[1] 赵如福. 金属机械加工工艺人员册. 4版. 上海:上海科学技术出版社,2006.
[2] 陈宏钧. 实用机械加工工艺手册. 3版. 北京:机械工业出版社,2009.
[3] 艾兴,肖诗纲. 切削用量简明手册. 3版. 北京:机械工业出版社,1994.
[4] 杨叔子. 机械加工工艺师手册. 2版. 北京:机械工业出版社,2011.
[5] 王先逵. 机械加工工艺手册. 2版. 北京:机械工业出版社,2007.
[6] 王光斗,王春福. 机床夹具设计手册. 3版. 上海:上海科学技术出版社,2000.
[7] 朱耀祥,蒲林祥. 现代夹具设计手册. 北京:机械工业出版社,2009.

1.5 图形绘制

课程设计中需要绘制的零件图和夹具装配图,其标题栏和明细栏要求按照机械制图国家标准绘制。

1. 标题栏绘制

国家标准 GB/T 10609.1—2008《技术制图 标题栏》规定,标题栏格式如图1-1所示。

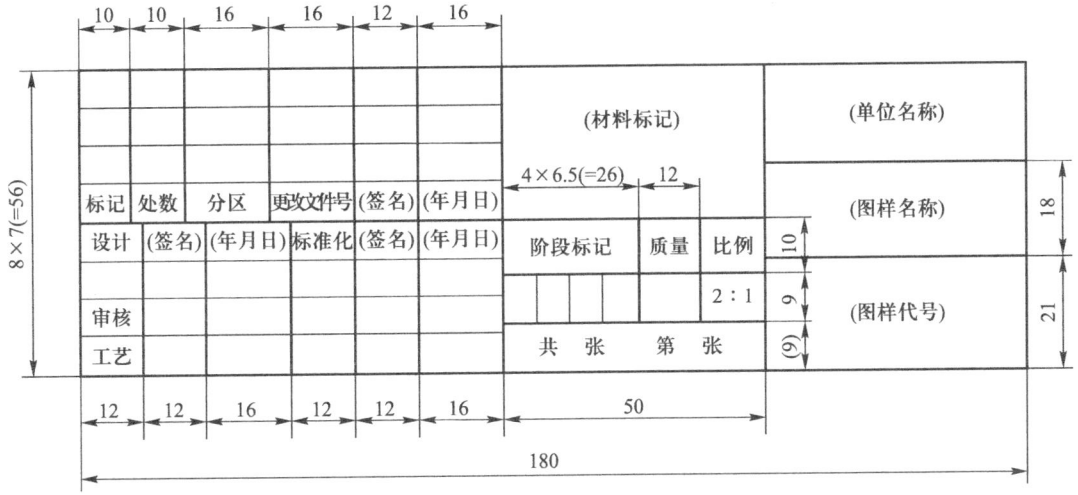

图1-1 标题栏的格式

2. 明细栏绘制

根据国家标准 GB/T 10609.2—2009《技术制图 明细栏》规定，明细栏一般由序号、代号、名称、数量、材料、质量（单件、总计）、备注等组成，可按实际需要增加或减少，如图 1-2 所示。

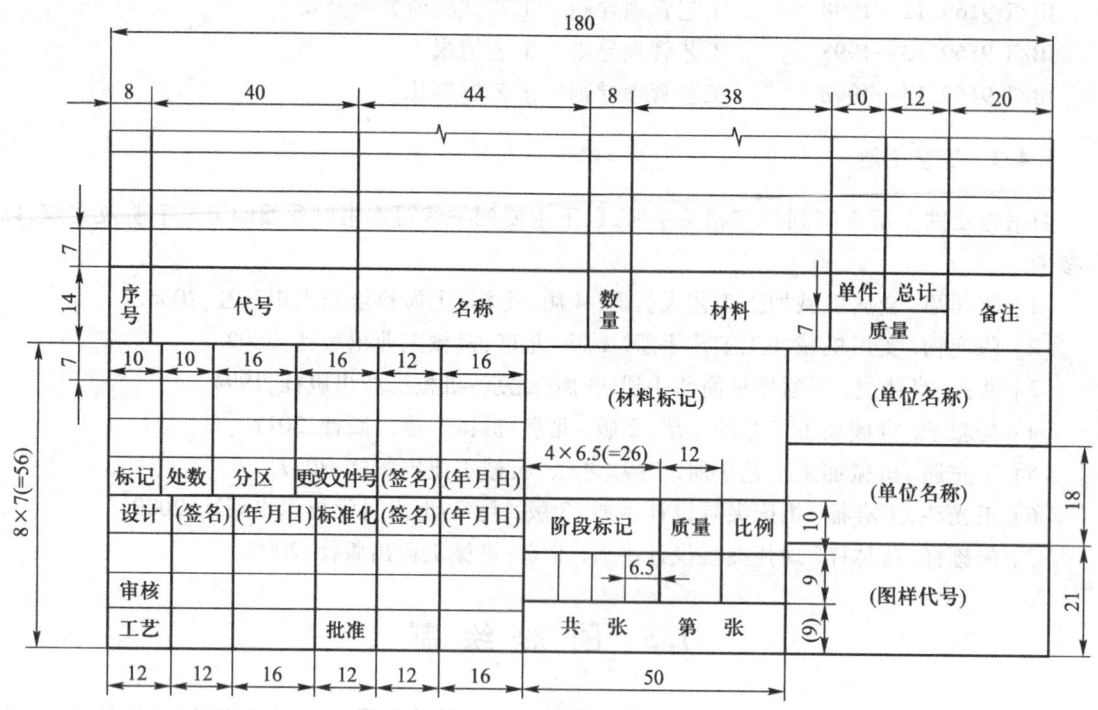

图 1-2 明细栏的格式

第 2 章 机械加工工艺过程

本章要点

机械加工工艺规程作用与格式；工艺过程组成及相关术语；工序卡中工序图的绘制；工艺基准分析示例。

2.1 工艺规程的作用与格式

2.1.1 机械加工工艺规程的作用

采用机械加工方法直接改变毛坯的形状、尺寸、各表面间相互位置及表面质量，使之成为合格零件的过程，称为机械加工工艺过程。将制订好的零部件的机械加工工艺过程按一定的格式（通常为表格或图表）和要求描述出来，作为指令性技术文件，即为机械加工工艺规程。

经审定批准的工艺规程是指导生产的工艺文件，是一切有关生产人员都应严格执行、认真贯彻的纪律性文件。生产规模的大小、可用设备资源、工艺水平的高低以及解决各种工艺问题的方法和手段都要通过机械加工工艺规程来体现。经过审批确定下来的机械加工工艺规程，不得随意变更，若要修改与补充，必须经过认真讨论和重新审批。

工艺规程的作用主要体现在：① 工艺规程是指导生产的主要技术文件；② 工艺规程是生产准备工作的主要依据；③ 工艺规程是新建机械制造厂（车间）的基本技术文件。

2.1.2 机械加工工艺规程的格式

通常，机械加工工艺规程被填写成表格或卡片（即机械加工工艺过程卡片）的形式，格式按照机械行业标准 JB/T 9165.2—1998 的规定执行。机械加工工艺规程的详细程度与生产类型、零件的设计精度和工艺过程的自动化程度有关。

一般来说，采用普通加工方法的单件、小批生产，只需填写简单的机械加工工艺过程卡片（表 2-1），机械加工工艺过程卡片是以工序为单位简要说明工件的加工路线的一种工艺文件，卡片中包括工序名称及内容、完成各工序的车间和工段、机床设备及工艺装备、工时定额等内容。

大批、大量生产类型要求有严密、细致的组织工作，各工序都要填写机械加工工序卡片（表 2-2）。机械加工工序卡片是在机械加工工艺过程卡片的基础上，分别对每道工序所编写的一种工艺文件，其内容较工艺过程卡片要详细，并附有工序简图，卡片中包括工步内容、机床设备及工艺装备、切削用量及进给次数、工步时间。工序简图以简洁、直观的方式表明机械加工工序内容，图中应标示出各加工表面（用粗实线绘制）、定位基准和夹紧力方向（使用定位夹紧符号标出）、工序尺寸和表面粗糙度等，可直接用于指导加工工作。

表 2-1 机械加工工艺过程卡片

机械加工工艺过程卡片		产品型号		零件图号			共 页	第 页
		产品名称		零件名称				
材料牌号	毛坯种类	毛坯外形尺寸		每毛坯可制件数		每台件数	备注	
工序号	工序名称	工序内容	车间	工段	设备	工艺装备		工时
								准终 / 单件
描图								
描校								
底图号								
装订号								
					设计(日期)	审核(日期)	标准化(日期)	会签(日期)
标记	处数	更改文件号	签字	日期	标记	处数	更改文件号	签字	日期

表 2-2 机械加工工序卡片

机械加工工序卡片		产品型号		零件图号			共 页	第 页
		产品名称		零件名称			材料牌号	
车间	工序号	工序名称						
	毛坯种类	毛坯外形尺寸	每毛坯可制造件数		每台件数			
	设备名称	设备型号	设备编号		同时加工件数			
	夹具编号	夹具名称			切削液			
	工位器具编号	工位器具名称			工序工时			
						准终	单件	
工步号	工步内容	工艺设备	主轴转速 /(r/min)	切削速度 /(m/min)	进给量 /(mm/r)	切削深度 /mm	进给次数	工步时间/min
								机动 | 辅助
描图								
描校								
底图号								
装订号								
					设计(日期)	审核(日期)	标准化(日期)	会签(日期)
标记	处数	更改文件号	签字	日期	标记	处数	更改文件号	签字	日期

2.1.3 机械加工工艺过程工艺卡片和机械加工工序卡片填写说明

机械加工工艺过程工艺卡片和机械加工工序卡片的填写说明见表 2-3。

表 2-3 机械加工工艺过程工艺卡片和机械加工工序卡片的填写说明

卡片名称	列项	填写说明
机械加工工艺过程工艺卡片	材料牌号	按设计图样要求填写
	毛坯种类	填写铸件、锻件、型材、板钢等
	毛坯外形尺寸	加工前的毛坯外形尺寸
	每毛坯可制件数	每个毛坯可加工同一零件的数量
	每台件数	按设计图样填写
	工序名称	见表 2-5 表面加工术语
	工序内容	各工序和工步的加工内容和主要技术要求
	设备	填写设备型号
	工艺装备	填写各工序(或工步)所使用的夹具、模具、辅具和刀具、量具
	设计,审核	填写设计人及审核人姓名、日期
机械加工工序卡片	与机械加工工艺过程工艺卡片同名称项	按机械加工工艺过程工艺卡片相应项目填写
	与设备有关项	填写该工序所用设备型号、名称,设备编号
	同时加工件数	在机床上同时加工的零件数
	与夹具有关项	该工序需使用的夹具名称及编号
	切削液	机床所用切削液的名称和牌号
	与工位器具有关项	该工序需使用的工位器具名称和编号
	工步内容	各工步的名称、加工内容和主要技术要求
	工艺设备	各工步所使用的的夹具、模具、辅具和刀具、量具
	设计,审核	填写设计人及审核人姓名、日期

2.2 工艺过程及其组成

2.2.1 机械加工工艺过程及其组成

在机械加工工艺过程中采用机械加工方法直接改变了工件的形状、尺寸、相对位置及表面质量,使其成为成品或半成品。工艺过程由按一定的顺序排列的若干个工序组成,见图 2-1。每一个工序都需要对工件进行一次或多次装夹,装夹是定位和夹紧过程的总和。装夹完成后的切削加工过程又可细分为多个工步,确定不同工步的依据就是加工表面和切削刀具是否发生变化。如果切削余量较大,则需要分几次进行切削,当加工表面和切削刀具都不变化时,就为同一工步下的多次走刀。工件在一次装夹后,借助夹具或设备的可动部分改变工件的相对位置,形成多个工位。

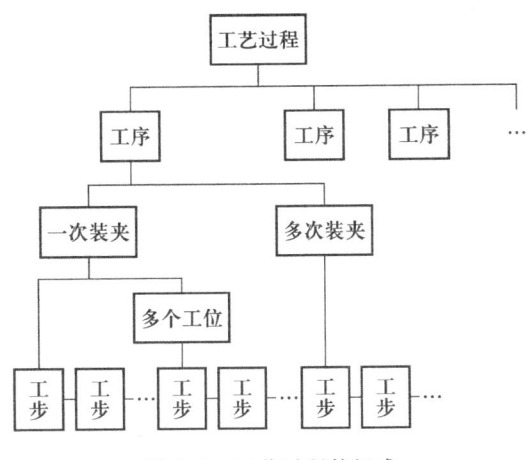

图 2-1　工艺过程的组成

机械制造工艺基本术语可参见国家标准 GB/T 4863—2008。工艺过程相关术语定义见表 2-4。典型表面加工术语见表 2-5。基准的分类与定义见表 2-6。

表 2-4　工艺过程相关术语

术语	定　义
工序	由一个或一组工人在同一台机床或同一个工作地,对一个或同时对几个工件所连续完成的那一部分机械加工工艺过程
安装	工件每经一次装夹后所完成的那部分工序
装夹	包括定位和夹紧两个过程
工步	在加工表面不变、切削刀具不变的情况下所连续完成的那部分工序
工作行程	刀具以加工进给速度相对工件所完成一次进给运动的工步部分
工位	为了完成一定的工序部分,一次装夹工件后,工件与夹具或设备的可动部分一起相对于刀具或设备的固定部分所占据的每一个位置
走刀	同一加工表面因加工余量较大,可以分作几次工作进给,每次工作进给所完成的工步称为一次走刀
工艺过程	改变生产对象的形状、尺寸、相对位置和性质等,使其成为成品或半成品的过程
工艺规程	规定产品或零部件制造工艺过程和操作方法等的工艺文件
工艺文件	指导工人操作和用于生产、工艺管理等的各种技术文件
工艺设计	编制各种工艺文件和设计工艺装备等的过程
工艺规范	对工艺过程中有关技术要求所做的一系列统一规定

续表

术语	定义
工艺守则	某一专业工种所通用的一种基本操作规程
切削用量	在切削加工过程中的切削速度、进给量和背吃刀量的总称
切削速度	在进行切削加工时,刀具切削刃上的某一点相对于待加工表面在主运动方向上的瞬时速度
主轴转速	机床主轴在单位时间内的转速
进给量	工件或刀具每转或往复一次或刀具每转过一个齿时,工件与刀具在进给运动方向上的相对位移
进给速度	单位时间内工件与刀具在进给运动方向上的相对位移
背吃刀量	一般指工件已加工面和待加工面的垂直距离
机械加工工艺过程卡片	以工序为单位简要说明产品或零、部件的加工(或装配)过程的一种工艺文件
机械加工工序卡片	在机械加工工艺过程卡片的基础上,按每道工序所编制的一种工艺文件。一般有工序图,并详细说明该工序的每个工步的加工内容、工艺参数、操作要求以及所用设备和工艺装备
工艺装备	产品制造过程中所用的各种工具总称,包括刀具、夹具、模具、量具、检具、辅具、钳工工具和工位器具等
工艺附图	附在工艺规程上用以说明产品或零、部件加工或装配的简图或图表
毛坯图	供制造毛坯用的,表明毛坯材料、形状、尺寸和技术要求的图样
装配系统图	表明产品零、部件间相互装配关系及装配流程的示意图
工艺系统	在机械加工中由机床、刀具、夹具和工件组成的系统
夹具	用于装夹工件(和引导刀具)的装置
模具	用于限定生产对象的形状和尺寸的装置
辅具	用以连接刀具和机床的工具
计量器具	用以直接或间接测出被测对象量值的工具、仪器、仪表等
装夹	将工件在机床上或夹具中定位、夹紧的过程
定位	确定工件在机床上或夹具中占有正确位置的过程
夹紧	工件定位后将其固定,使其在加工过程中保持定位位置不变的操作
热处理	将固态金属或合金,进行加热、保温、冷却以获得所需要的金相组织结构和性能
零件结构工艺	所设计的零件在满足使用要求的前提下,制造的可行性和经济性
典型工艺	根据零件的结构和工艺特性进行分类分组,对同组零件制订的统一加工方法和过程
生产纲领	企业在计划期内应当生产的产品产量和进度计划
生产批量	一次投入或产出的同一产品(或零件)的数量
工艺孔、工艺凸台	为满足工艺(加工、测量、装配)需要而在工件上增设的孔、凸台
材料利用率	产品或零件的净重占其材料消耗工艺定额的百分比
设备负荷率	设备的实际工作时间占其台时基数的百分比

表 2-5 典型表面加工术语

典型表面加工	术语
孔加工	钻孔、扩孔、铰孔、锪孔、镗孔、车孔、铣孔、拉孔、推孔、插孔、磨孔、珩磨孔、刮孔、研孔、挤孔、滚压孔、冲孔 激光打孔、电火花打孔、超声波打孔、电子束打孔
外圆加工	车外圆、磨外圆、铣外圆、珩磨外圆、研磨外圆、抛光外圆、滚压外圆
平面加工	车平面、铣平面、刨平面、磨平面、珩磨平面、刮平面、研磨平面、拉平面、锪平面、抛光平面
槽加工	车槽、铣槽、刨槽、插槽、拉槽、推槽、镗槽、磨槽、刮槽、研槽、滚槽
螺纹加工	车螺纹、梳螺纹、铣螺纹、旋风铣螺纹、滚压螺纹、搓螺纹、拉螺纹、攻螺纹（丝锥）、套螺纹（板牙）、磨螺纹、珩螺纹、研螺纹
齿面加工	铣齿、刨齿、插齿、滚齿、剃齿、珩齿、磨齿、拉齿、研齿、轧齿、挤齿、冲齿轮、铸齿轮
成形面加工	车成形面、铣成形面、刨成形面、磨成形面、抛光成形面、电加工成形面
其他加工	滚花、倒角、倒圆角、钻中心孔、磨中心孔、研中心孔、挤压中心孔、切断
钳工	划线、打样冲眼、锯削、锉削、攻螺纹、套螺纹、堵孔、配键、刮研、去毛刺、砂光、除锈
装配	部装、总装、压装、冷装、热装、预载、试车、油封、漆封、铅封

表 2-6 基准的分类与定义

	分类	细分类	再分类	定义
基准				用来确定加工对象上几何要素间的几何关系所依据的那些点、线、面
	设计基准			在设计图样上所采用的基准
	工艺基准			在工艺过程中所采用的基准
		工序基准		在工序图上确定本工序加工表面位置的基准
		定位基准		加工中用作定位的基准
			粗基准	使用未经机械加工表面作为定位基准
			精基准	使用经过机械加工表面作为定位基准
			附加基准	零件上根据机械加工工艺需要而专门设计的定位基准
		测量基准		在加工中或加工后进行测量时所使用的基准
		装配基准		在装配时，用来确定零件或部件在产品中相对位置所采用的基准
基面				作为基准的点、线、面，在零件上不一定都能找到，而常常是由某些具体表面来体现，这些表面称为基面

2.2.2 机械加工工序卡片中工序简图的绘制

1. 工序简图的绘制要点

工序简图以简洁、直观的方式表明机械加工工序内容,包括各加工表面、定位基准、夹紧力方向、工序尺寸和表面粗糙度等,可直接用于指导加工工作。工序简图绘制要点:

1) 用细实线绘出反映零件总体特征的外形轮廓、少数特征表面和本工序定位夹紧表面,用粗实线绘出本工序加工表面。

2) 用规定的符号标出定位基准和定位点数(定位点数即定位表面限制的自由度数)、夹紧力方向及夹紧力作用点大体位置。

3) 标出全部工序尺寸及偏差、加工面表面粗糙度、几何公差及其他技术要求。

4) 取工件加工位置为主视图。

2. 定位与夹紧符号

定位与夹紧符号摘自 JB/T 5061—2006。定位支承符号与辅助支承符号的尺寸按照图 2-2 绘制。定位支承符号见表 2-7,辅助支承符号见表 2-8,夹紧符号见表 2-9,定位夹紧符号标注示例见表 2-10。

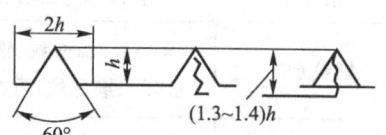
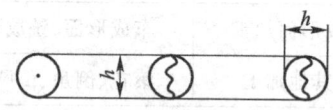

图 2-2 定位符号的画法

表 2-7 定位支承符号

定位支承类型	符 号			
	独立定位		联合定位	
	标注在视图轮廓线上	标注在视图正面	标注在视图轮廓线上	标注在视图正面
固定式	∧	⊙	∧∧	⊙—⊙
活动式	∧	⬭	∧∧	⬭—⬭

注:视图正面是指观察者面对的投影面。

表 2-8 辅助支承符号

类型	符 号			
	独立支承		联合支承	
	标注在视图轮廓线上	标注在视图正面	标注在视图轮廓线上	标注在视图正面
辅助支承	△	⬭	△ △	⬭—⬭

注:视图正面是指观察者面对的投影面。

2.2 工艺过程及其组成　　17

表 2-9 夹 紧 符 号

夹紧动力源类型	符号			
	独立夹紧		联合夹紧	
	标注在视图轮廓线上	标注在视图正面	标注在视图轮廓线上	标注在视图正面
手动夹紧	 ↓	 ↱	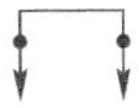 ↓↓	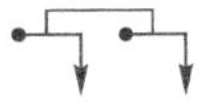 ↱↓
液压夹紧	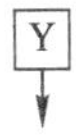 Y↓	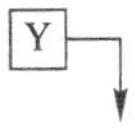 Y↱	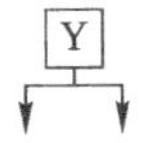 Y↓↓	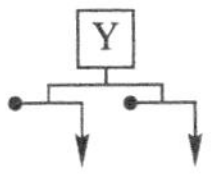 Y↱↓
气动夹紧	 Q↓	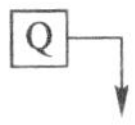 Q↱	 Q↓↓	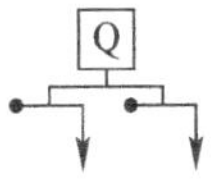 Q↱↓
电磁夹紧	 D↓	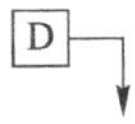 D↱	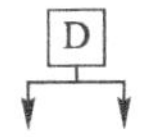 D↓↓	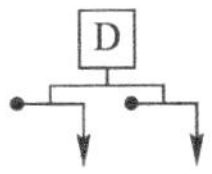 D↱↓

注：视图正面是指观察者面对的投影面。

表 2-10 定位夹紧符号标注示例

序号	说明	定位、夹紧符号标注示意图	装置符号标注或与定位、夹紧符号联合标注示意图
1	床头固定顶尖、床尾固定顶尖定位拨杆夹紧	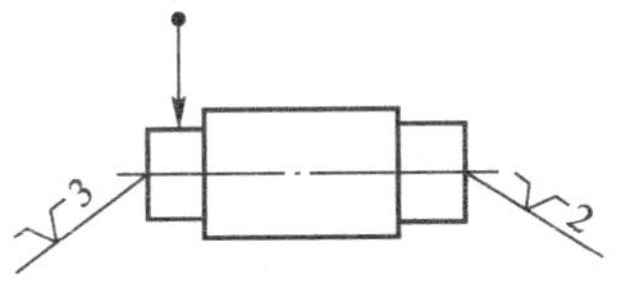	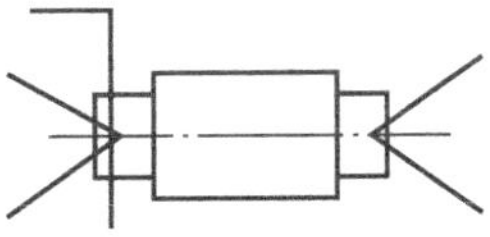
2	床头固定顶尖、床尾浮动顶尖定位拨杆夹紧	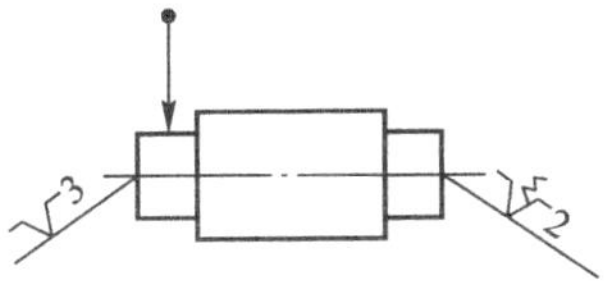	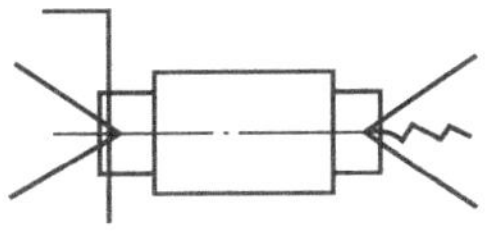
3	床头内拨顶尖、床尾回转顶尖定位夹紧	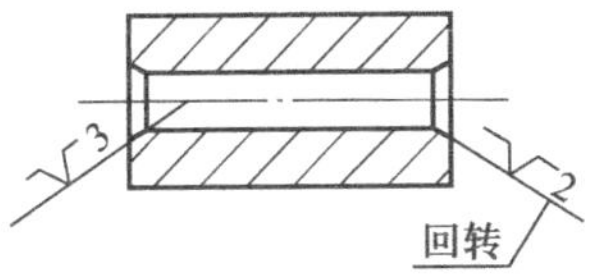	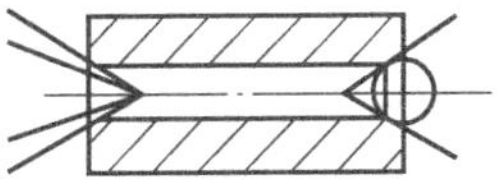
4	床头外拨顶尖、床尾回转顶尖定位夹紧	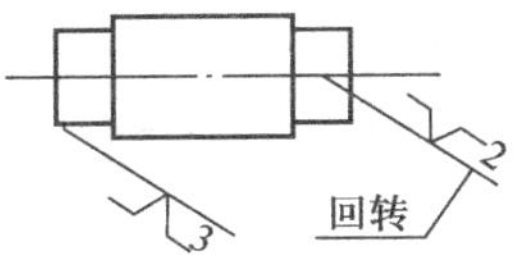	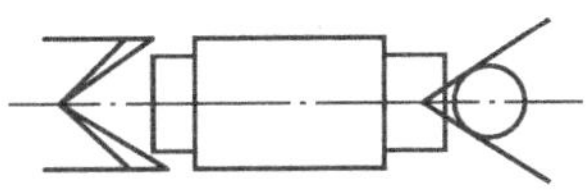

续表

序号	说明	定位、夹紧符号标注示意图	装置符号标注或与定位、夹紧符号联合标注示意图
5	床头弹簧夹头定位夹紧,夹头内带有轴向定位,床尾内顶尖定位		
6	弹簧夹头定位夹紧		
7	液压弹簧夹头定位夹紧,夹头内带有轴向定位		
8	弹性心轴定位夹紧		
9	气动弹性心轴定位夹紧,带端面定位		
10	锥度心轴定位夹紧		

2.2 工艺过程及其组成

续表

序号	说明	定位、夹紧符号标注示意图	装置符号标注或与定位、夹紧符号联合标注示意图
11	圆柱心轴定位夹紧，带端面定位	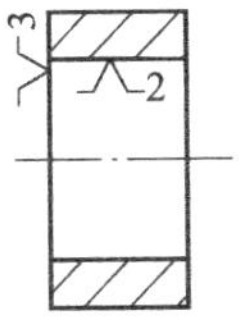	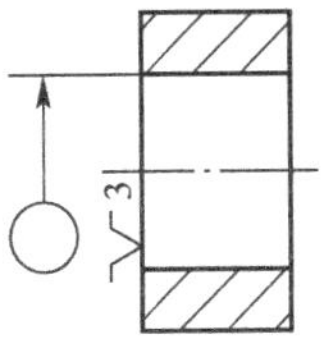
12	三爪自定心卡盘定位夹紧	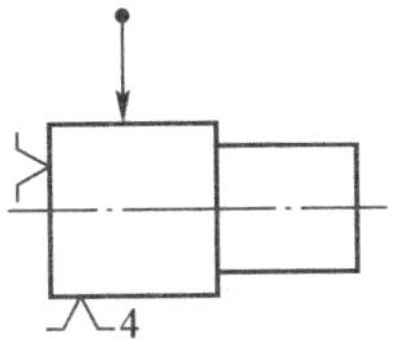	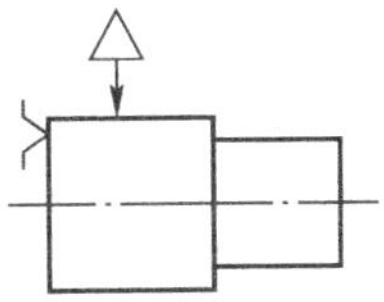
13	液压三爪自定心卡盘定位夹紧，带端面定位	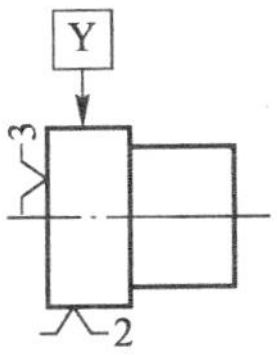	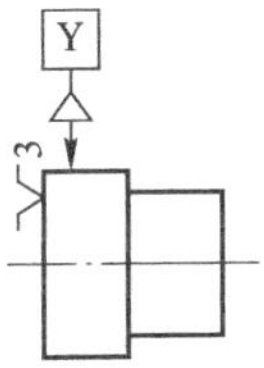
14	四爪单动卡盘定位夹紧，带轴向定位	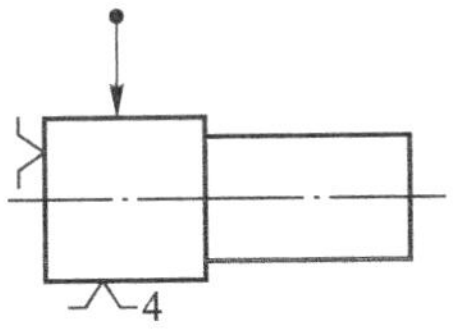	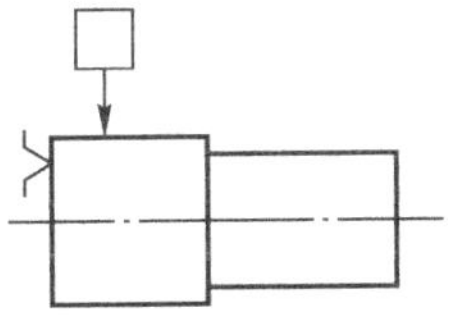
15	四爪单动卡盘定位夹紧，带端面定位	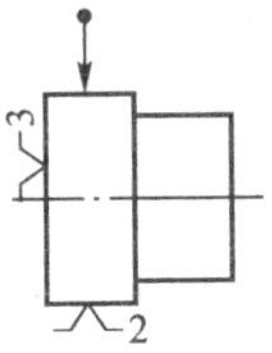	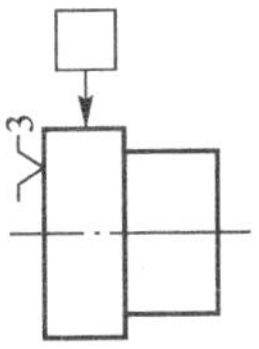
16	床头固定顶尖、床尾浮动顶尖定位，中间有跟刀架辅助支承，拨杆夹紧（细长轴类零件）	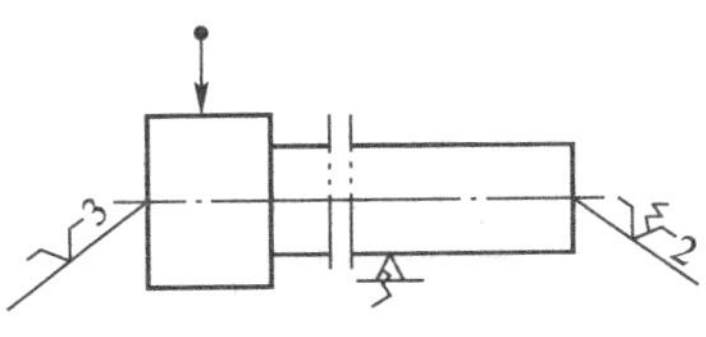	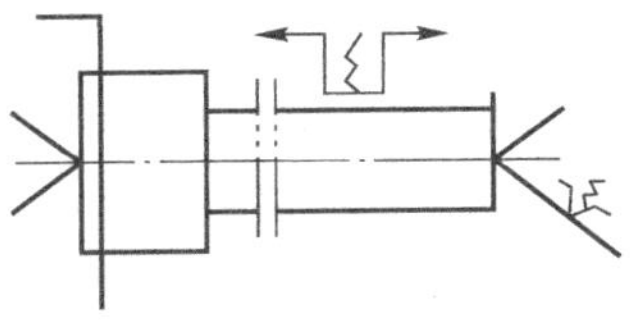

续表

序号	说明	定位、夹紧符号标注示意图	装置符号标注或与定位、夹紧符号联合标注示意图
17	床头三爪自定心卡盘带轴向定位夹紧,床尾中心架支承定位		
18	止口盘定位螺栓压板夹紧		
19	止口盘定位气动压板联动夹紧		
20	螺纹心轴定位夹紧		
21	圆柱衬套带有轴向定位,外用三爪自定心卡盘夹紧		
22	螺纹衬套定位,外用三爪自定心卡盘夹紧		

2.2 工艺过程及其组成　　21

续表

序号	说明	定位、夹紧符号标注示意图	装置符号标注或与定位、夹紧符号联合标注示意图
23	平口钳定位夹紧	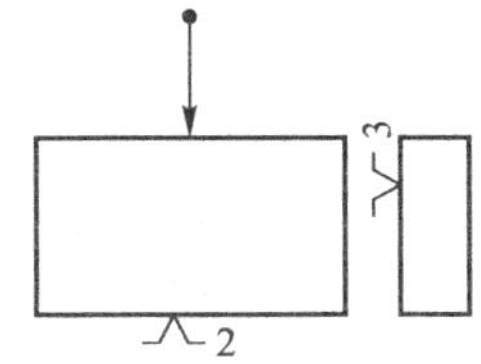	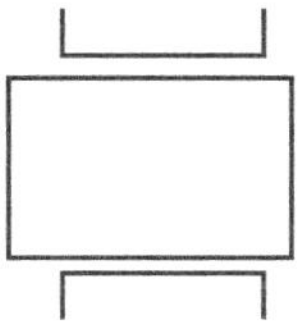
24	电磁盘定位夹紧	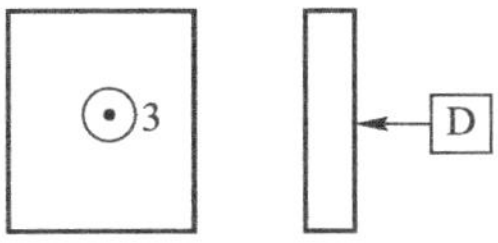	
25	软爪三爪自定心卡盘定位夹紧	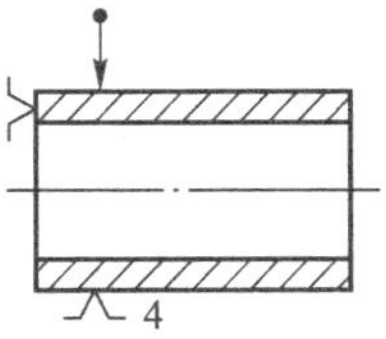	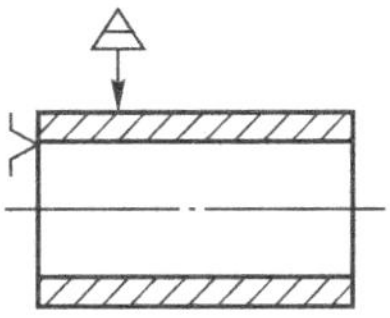
26	床头伞形顶尖、床尾伞形顶尖定位,拨杆夹紧	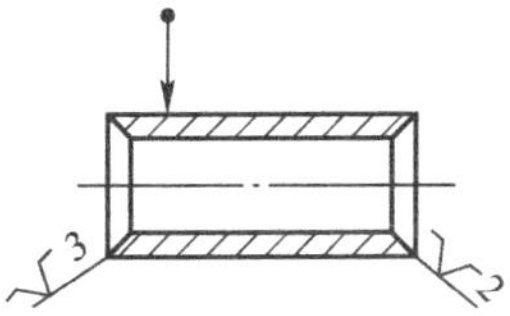	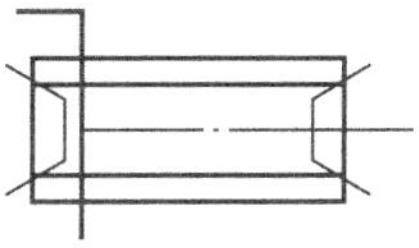
27	床头中心堵、床尾中心堵定位,拨杆夹紧	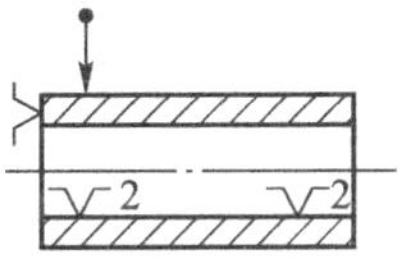	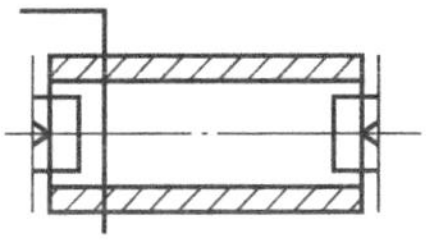
28	角铁、V形铁及可调支承定位,下部加辅助可调支承,压板联动夹紧	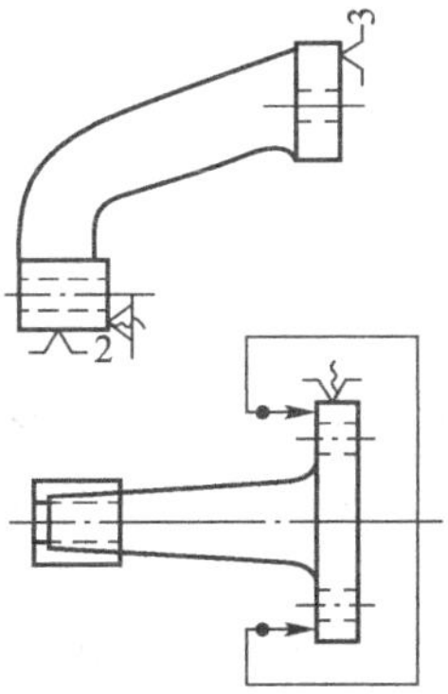	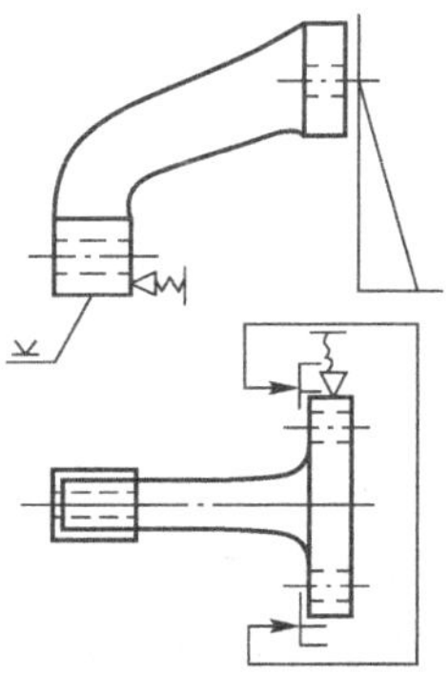

序号	说明	定位、夹紧符号标注示意图	装置符号标注或与定位、夹紧符号联合标注示意图
29	一端固定V形铁,下平面垫铁定位,另一端可调V形铁夹紧		可调

2.2.3 基准分析示例

以张世昌老师主编的《机械制造技术基础》(第三版)教材第1章 P40 的示例零件为例,图 2-3 所示为定位套筒零件。

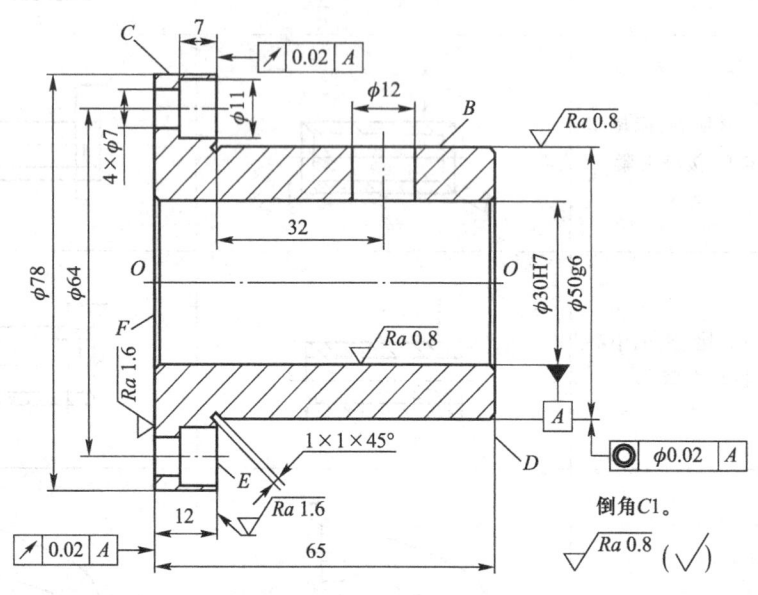

图 2-3 定位套筒零件

1. 设计基准分析

从零件图上分析其设计基准及重要加工面。回转类零件在径向尺寸的设计基准为轴心线,轴向尺寸的设计基准有端面 E 和 F。重要加工面为 $\phi 50$ 外圆柱面和 $\phi 30$ 内孔。

2. 工艺基准分析

工艺基准包括工序基准、定位基准、测量基准与装配基准。表 2-11 对定位套筒零件节选出部分工序,并分析其工序基准和定位基准。

表 2-11 定位套筒零件机械加工工艺过程节选及分析

工序号	机床与夹具	工序内容	工序简图
1	普通车床三爪自定心卡盘	夹外圆一端（外圆另一端找正）：车外圆 B 至 $\phi 50.3_{-0.1}^{0}$；车端面 D，车平；车端面 E，保证尺寸 $52.75_{0}^{+0.2}$；切槽 $1\times 1\times 45°$；钻孔 $\phi 25$；车孔至 $\phi 29.7_{0}^{+0.1}$；内、外圆倒角 $C1$。 夹 $\phi 50.3_{-0.1}^{0}$ 外圆：车外圆 C 至 $\phi 78$；车端面 F，保证尺寸 $12.45_{-0.2}^{0}$；内孔倒角 $C1$	（安装Ⅰ 和 安装Ⅱ 工序简图）
工艺基准分析		安装Ⅰ： 　定位面：$\phi 78$ 外圆柱面，端面 F 　定位基准：轴心线 $O\text{-}O$ 及端面 F（基准重合原则，用设计基准作为定位基准） 　工序基准：1）工序尺寸 $\phi 50.3$ 和 $\phi 29.7$ 的工序基准为轴心线 $O\text{-}O$（工序基准与定位基准重合）；2）工序尺寸 52.75 的工序基准为右端面 D。 安装Ⅱ： 　定位面：$\phi 50.3$ 外圆柱面，端面 E 　定位基准：轴心线 $O\text{-}O$ 及端面 E（精基准，符合基准重合原则） 　工序基准：1）工序尺寸 $\phi 78$ 的工序基准为轴心线 $O\text{-}O$（工序基准与定位基准重合）； 　2）工序尺寸 12.45 的工序基准为端面 E（工序基准与定位基准重合）	

符号说明：▽3——定位符号，数字表示定位点数（数字为1不标）；↓——夹紧符号；↓4——定位同时夹紧

2.2.4 生产类型及其工艺特点

零件的生产类型按照零件的年生产纲领和产品类别及零件质量型别来确定，表 2-12 按重型、中型和轻型来区分零件的生产类型。表 2-13 为各种生产类型工艺过程的主要特点。

表 2-12 生产类型的划分

生产类型		零件的年生产纲领/(件/年)		
		重型零件	中型零件	轻型零件
单件生产		≤5	≤20	≤100
成批生产	小批生产	>5~100	>20~200	>100~500
	中批生产	>100~300	>200~500	>500~5 000
	大批生产	>300~1 000	>500~5 000	>5 000~50 000
大量生产		>1 000	>5 000	>50 000

表 2-13 各种生产类型工艺过程的主要特点

工艺过程特点	单件、小批生产	中批生产	大批、大量生产
生产方式	事先不确定是否重复生产	周期性的批量生产	按一定节奏长期不变地生产
工件互换性与装配方法	一般配对制造；广泛采用调整或修配方法	大部分互换；少数钳工修配	全部有互换性；某些精度要求较高的配合件用分组选择装配法
毛坯的制造方法及加工余量	1) 型材锯床、热切割下料 2) 木模手工砂型铸造 3) 自由锻造 4) 弧焊（手工，通用焊机） 5) 冷作（旋压等） 加工余量大	1) 型材下料（锯、剪） 2) 砂型（手工、机器造型） 3) 模锻 4) 弧焊（专机），钎焊 5) 冲压 加工余量中等	1) 型材剪切 2) 金属模机器造型，压铸 3) 模锻生产线 4) 压焊、弧焊生产线 5) 多工位冲压，冲压生产线 加工余量小
机床设备及其布置形式	通用机床；"机群式"排列布置	部分通用机床和部分专用机床；"机群式"或生产线布置	广泛采用高生产率的专用机床及自动机床；按流水线形式排列布置
工件装夹方法及夹具	部分找正装夹，部分夹具装夹；通用夹具或组合夹具	夹具装夹，部分划线找正装夹；广泛采用夹具	夹具装夹；广泛采用高效、专用夹具
刀具和量具	通用刀具和量具	部分采用通用刀具和量具；部分采用专用刀具和量具	广泛采用高效率专用刀具和量具

续表

工艺过程特点	单件、小批生产	中批生产	大批、大量生产
对工人的技术要求	高	一般	对操作工人的技术要求较低,对调整工人的技术要求较高
工艺规程	简单机械加工工艺过程卡片	有较详细的机械加工工艺过程卡片及部分关键工序的机械加工工序卡片	有详细的机械加工工艺过程卡片和机械加工工序卡片
生产率	低	中	高

第 3 章　工程材料类型及毛坯选择

> **本章要点**
> 工程材料的分类及制造性能；常用材料特性及其应用示例；原材料类型与制造方法；机械加工过程中的零件材料热处理；毛坯类型选择及毛坯图绘制。

3.1　工程材料概述

3.1.1　工程材料的分类

通常，可以把工程材料分为金属材料、非金属材料和复合材料，如图 3-1 所示。金属材料包括黑色金属材料和有色金属材料，黑色金属材料又细分为钢材料和黑色金属铸造材料。非金属材料包括天然材料和人造材料，天然材料包括天然石材、木材、石墨等，人造材料有陶瓷材料、塑料、玻璃等。复合材料有增强塑料、硬质合金等。

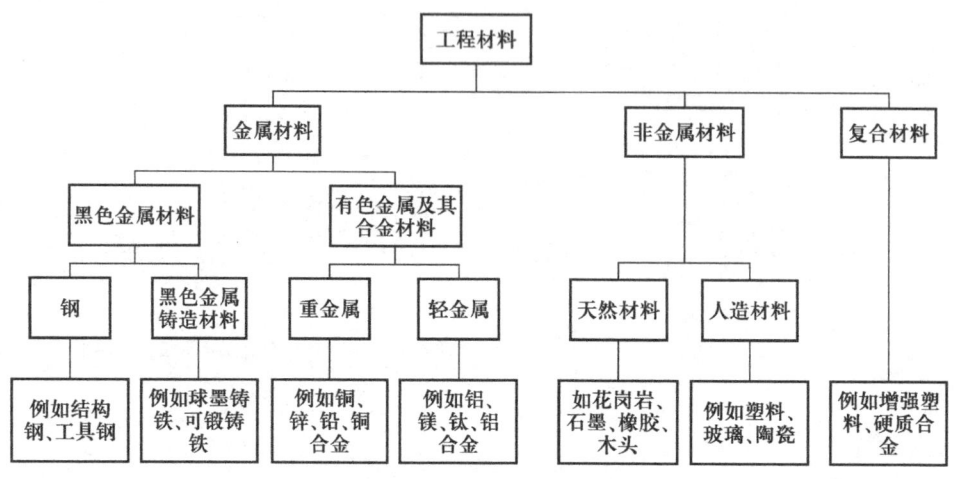

图 3-1　工程材料的分类

3.1.2　材料的性能

材料的性能是材料选择的重要依据，包括材料的物理性能、力学性能、化学性能、制造性能，见表 3-1。当然，选择材料的时候还要考虑材料的可制造性以及经济性。物理性能描述的是材料的特性，与材料的形状无关，表明材料性能的物理量有密度、熔点、线[膨]胀系数、电阻率（导电性）、热导率（导热性）、磁导率（导磁性）。材料的力学性能表明材料在制造和使用过程中在力的作用下的材料状况,如材料的弹性变形、塑性变形、弹-塑性变形、韧性、脆性、硬度,以及材料的抗拉强度、屈服强度、伸长率、断裂伸长率、耐磨强度等。材料的化学性能涉及的是环境影响因素和侵蚀性物质作用以及高温等所施加的可改变材料的作用,如材料的耐氧化性、耐蚀性、可燃性等。材料的可制造性描述的是材料适应各种加工方法的性能,如材料的可铸造性、可成形性、可切削性、可焊接性、可淬火性和可调质性。

表 3-1 材 料 性 能

材料性能	主要内容
物理性能	密度、熔点、热[膨]胀系数 电阻率(导电性)、热导率(导热性)、磁导率(导磁性)
力学性能	弹性变形、塑性变形、弹-塑性变形、韧性、脆性、硬度 抗拉强度、屈服强度、伸长率、断裂伸长率、耐磨强度
化学性能	耐氧化性、耐蚀性、可燃性
制造性能	可铸造性、可成形性、可切削性、可焊接性、可淬火性和可调质性

影响工件材料的切削加工性的因素很多,主要有工件材料的物理力学性能、化学成分和金相组织。

不同材料的可铸造性、可焊接性、可切削性的比较见表 3-2。铝合金材料、灰口铸铁材料和锌合金材料的可铸造性最好,钢材料的可焊接性最好,锌合金和铝合金材料的可切削性相对比较好。焊接性最差的是灰口铸铁和锌合金材料。

表 3-2 不同材料的可制造性比较

材料	可铸造性	可焊接性	可切削性
铝合金	优	中	良+
铜合金	中+	中	中+
灰口铸铁	优	难	良
白口铸铁	良	差	差
镍合金	中	中	中
钢	中	优	中
锌合金	优	难	优

铝合金材料具有密度小、比强度高、好的导热性及耐蚀性等性能,铝合金材料与低碳钢的相对力学性能比较见表 3-3。铝合金材料的相对比强度极限接近甚至超过了合金钢材料,相对比刚度超过的更多。铝合金材料是轻量化产品的首选材料,例如铝合金变速箱壳体等。

表 3-3　铝合金材料与钢铁材料的相对力学性能比较

力学性能	材料名称				
	低碳钢	低合金钢	高合金钢	铸铁	铝合金
相对密度	1.0	1.0	1.0	0.92	0.35
相对比强度极限	1.0	1.6	2.5	0.60	1.8~3.3
相对比屈服极限	1.0	1.7	4.2	0.70	2.9~4.3
相对比刚度	1.0	1.0	1.0	0.51	8.5

3.1.3 材料的硬度

材料局部抵抗硬物压入其表面的能力称为硬度，金属材料采用测试硬度的方法通常为压入硬度，用一定的载荷将规定的压头压入被测材料，以材料表面局部塑性变形的大小比较被测材料的软硬。由于压头、载荷以及载荷持续时间的不同，压入硬度有多种，主要是布氏硬度（HB）、洛氏硬度（HR）、维氏硬度（HV）等几种。常用硬度值以及与莫氏硬度、屈服强度之间的关联见图 3-2 所示。

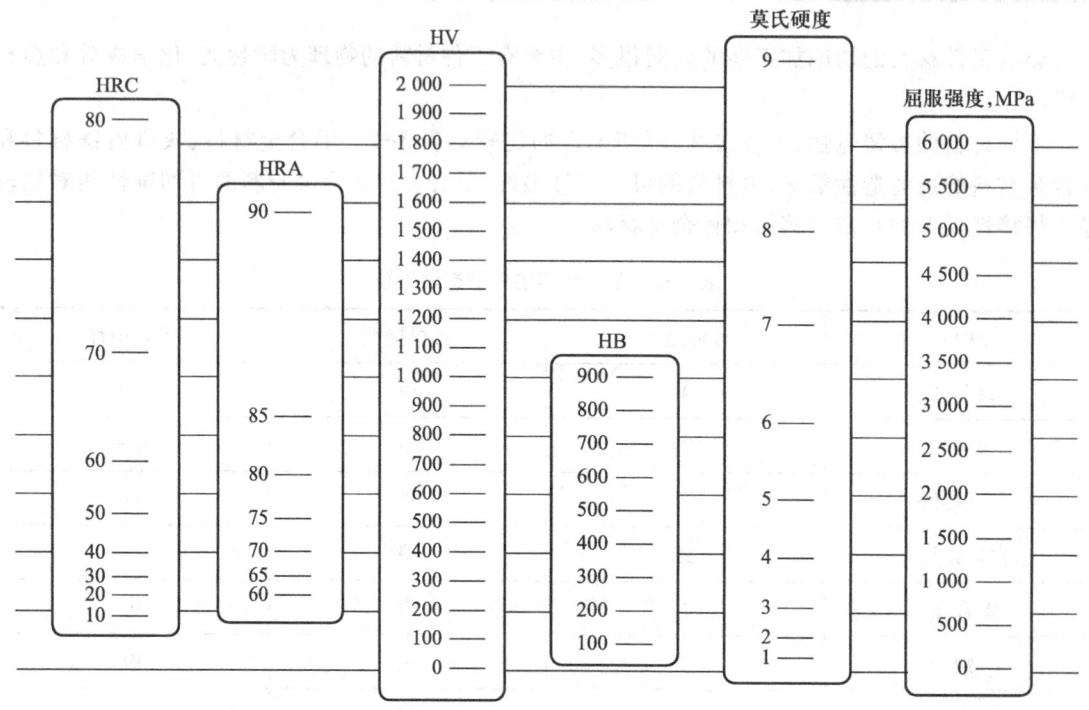

图 3-2　常用硬度值以及与莫氏硬度、屈服强度之间的关联

3.1.4 合金元素对黑色金属材料性能的影响

钢和铸铁的性能在很大程度上取决于其合金元素及伴同元素的含量，合金元素如铬、钨、钒、

与基本材料铁元素形成混合型晶体或导致细晶碳化物析出，从而改善材料的抗拉强度、耐磨性和耐蚀性等性能。合金元素非金属伴同元素对黑色金属材料性能的影响见表 3-4 所示。

表 3-4　合金元素和非金属伴同元素对黑色金属材料性能的影响

元素		提高的性能	降低的性能
合金元素	铝 Al	表皮抗氧化性，有助于氮的渗入	
	铬 Cr	抗拉强度，硬度，耐热性，耐磨强度，耐蚀性	伸长率（很小幅度）
	钴 Co	硬度，刀具使用寿命，耐热性	较高温度时晶粒的生长
	锰 Mn	抗拉强度，淬透性，韧性（加入少量锰）	可切削性，冷加工可成形性，灰口铸铁中有石墨析出
	钼 Mo	抗拉强度，耐热性，刀具使用寿命，淬透性	回火脆性，可锻性（钼含量较高时）
	镍 Ni	强度，韧性，淬透性，耐蚀性	热伸长率
	钒 V	疲劳强度，耐热性，硬度	对高温敏感
	钨 W	抗拉强度，硬度，耐热性，刀具使用寿命	伸长率（很小幅度），可切削性
非金属伴同元素	碳 C	强度和硬度（碳的质量分数 $w_C \approx 0.9\%$ 时最大），淬硬性，形成裂纹（絮状物）	熔点，伸长率，可焊接性，可锻性
	氢 H	因脆化而老化，抗拉强度	断口冲击韧性
	氮 N	脆化，形成奥氏体	耐老化性，深拉伸性
	磷 P	抗拉强度，耐热性，耐蚀性	断口冲击韧性，可焊接性
	硫 S	可切削性	断口冲击韧性，可焊接性
	硅 Si	抗拉强度，屈服强度，耐蚀性	断裂伸长率，可焊接性，可切削性

3.1.5　常用材料特性

常用材料特性及其应用示例见表 3-5。

表 3-5　常用材料特性及其应用示例

品种（国家标准号）	牌号举例	主要特性	应用举例
碳素结构钢（GB/T 700—2006）	Q235	具有良好的塑性、韧性和焊接性能、冷冲压性能，以及一定的强度、好的冷弯性能	用于一般要求的零件和焊接结构，如受力不大的拉杆、销、轴、螺钉、螺母、套圈、支架、机座等
优质碳素结构钢（GB/T 699—2015）	45	最常用的中碳调质钢，综合力学性能良好，淬透性低，水淬时易生裂纹。小件宜采用调质处理，大件易采用正火处理	主要用于制造强度高的运动件，如涡轮机叶轮，压缩机活塞、轴、齿轮、齿条、蜗杆等。焊接件注意焊前预热，焊后应进行去应力退火

续表

品种（国家标准号）	牌号举例	主要特性	应用举例
合金结构钢（GB/T 3077—2015）	40Cr	经调质处理后,具有良好的综合力学性能、低温冲击韧性,淬透性良好,油冷时可得到较高的疲劳强度,水冷时复杂形状的零件易产生裂纹,冷弯塑性中等,正火或调质后可加工性好,但焊接性不好,易产生裂纹,焊前应预热。一般在调质状态下使用,还可进行碳氮共渗和高频感应淬火处理	调质后用于制造中速、中等载荷零件,如机床齿轮、轴、蜗杆、花键轴、顶尖套等,调质并高频表面淬火后用于制造表面高强度耐磨的零件,如齿轮、轴、主轴、曲轴、心轴、套筒、销子、连杆、螺钉、螺母、进气阀等,经淬火及低温回火后用于制造重载、低冲击、耐磨零件,碳氮共渗处理后制造尺寸较大、低温冲击韧度较高的传动零件
易切削钢（GB/T 8731—2008）	Y12	硫、磷复合低碳易切削结构钢,可加工性较 15 钢有明显改善。热加工材料性能有明显的方向性,通常多以冷拉状态交货	常代替 15 钢制造对力学性能要求不高的各种机器和仪器仪表零件,如螺栓、螺母、销钉、轴、管接头、火花塞外壳等
弹簧钢（GB/T 1222—2016）	65Mn	淬透性和综合力学性能、抗脱碳等工艺性能均比碳钢好,但对过热比较敏感,有回火脆性,淬火易出裂纹	制造各种小截面扁簧、圆簧、发条等,亦可制作气门弹簧、弹簧环、减振器和离合器簧片、制动簧等
高碳铬轴承钢（GB/T 18254—2016）	GCr15	综合性能良好,淬火与回火后具有高而均匀的硬度,良好的耐磨性和高的接触疲劳寿命,热加工变形性能和可加工性均好,但焊接性差	用于制造轴承滚动体,如钢球、圆锥滚子、圆柱滚子、球面滚子、滚针等,轴承套圈,还用于制造模具、精密量具等
不锈钢棒（GB/T 1220—2007）	0Cr18Ni9	奥氏体不锈钢,具有良好的塑性、韧性(优良的低温韧性)、焊接性;高的加工硬化能力、耐热性和无磁性。	作为不锈耐热钢使用最广泛,如用于食品用设备、一般化工设备和原子能工业用设备
碳素工具钢（GB/T 1299—2014）	T13 T13A	硬度极高,碳化物增加而分布不均匀,力学性能较低,不能承受冲击,只能作切削高硬度材料的刀具	用于制造剃刀、切削刀具、车刀、刻刀具、刮刀、拉螺纹工具、钻头、硬石加工用工具、雕刻用工具

续表

品种 (国家标准号)	牌号 举例	主要特性	应用举例
合金工具钢 (GB/T 1299—2014)	9SiCr	淬透性比铬钢好,耐磨性强,具有较好的耐回火性,切削能力差,热处理时变形小,但脱碳倾向较大	适用于耐磨性高、切削不剧烈且变形小的刃具,如板牙、丝锥、钻头、铰刀、齿轮铣刀、拉刀等,还可用作冷冲模及冷轧辊
高速工具钢 (GB/T 9943—2008)	W18Cr4V	具有良好的高温硬度,比合金工具钢的耐热性能高。由于其碳化物较粗大,强度和韧性随材料尺寸增大而下降,不适于制作薄刃或较大尺寸的刀具	用于制造加工中等硬度的各种刀具,如车刀、铣刀、拉刀、齿轮刀具、丝锥等;也可制作冷作模具,还可用于制造高温下工作的轴承、弹簧等耐磨、耐高温的零件
灰铸铁 (GB/T 9439—2010)	HT300	承受高弯曲力及高拉力的零件;摩擦面间的单位面积压力≥1 960 kPa;要求保持高度气密性的零件	机械制造中的重要铸件,如床身、机座、齿轮、凸轮、气缸箱体、气缸盖等,高压液压缸体、泵体等
球墨铸铁 (GB/T 1348—2009)	QT450-10	焊接性和可加工性均较好,具有中等强度及韧性	驱动器、离合器、差速器壳体,齿轮箱箱体,离合器拨叉,阀体、阀盖,汽轮机壳体等
可锻铸铁 (GB/T 9440—2010)	KTZ550-04	珠光体可锻铸铁,韧性较低,但强度大、硬度高、耐磨性好,且可加工性良好	曲轴、连杆、齿轮、摇臂、凸轮轴、万向接头等
铸造铜合金 (GB/T 1176—2013)	ZCuSn5Pb5Zn5	5-5-5锡青铜,耐磨性和耐蚀性好,易加工,铸造性能和气密性较好	轴瓦、衬套、缸套、活塞、离合器、蜗轮等
铝合金 (GB/T 3880—2012)	2A12 (LY12)	高强度硬铝,可进行热处理强化,点焊焊接性良好,耐蚀性不高	飞机上的骨架零件、隔框、翼梁、铆钉等
铸造铝合金 (GB/T 1173—2013)	ZL105	铸造性能良好,气密性良好,强度较高,塑性、韧性较低,可加工性能良好,焊接性好,但耐蚀性一般	气缸体、气缸盖、曲轴箱等

3.1.6 钢制品的类型

材料产品的类型通常有棒料、型材、板材、管材及线材等,常见钢制品的类型见表3-6。

表3-6 常见钢制品的类型

类型	名称	国家标准
型钢	热轧钢棒	GB/T 702—2008
	冷拉圆钢、方钢、六角钢	GB/T 905—1994
	优质结构钢冷拉扁钢	YB/T 037—2005
	热轧型钢	GB/T 706—2016
钢板钢带	热轧钢板和钢带	GB/T 709—2006
	冷轧钢板和钢带	GB/T 708—2006
	不锈钢热轧钢板和钢带	GB/T 4237—2015
	不锈钢冷轧钢板和钢带	GB/T 3280—2015
钢管	无缝钢管	GB/T 17395—2008
	结构用无缝钢管	GB/T 8162—2008
	结构用不锈钢无缝钢管	GB/T 14975—2012
钢丝	重要用途低碳钢丝	YB/T 5032—2006
	合金结构钢丝	YB/T 5301—2010
	碳素工具钢丝	YB/T 5322—2010
	合金工具钢丝	YB/T 095—2015
	高速工具钢丝	GB/T 3080—2001
	冷拉碳素弹簧钢丝	GB/T 4357—2009
	重要用途碳素弹簧钢丝	YB/T 5311—2010

3.1.7 原材料类型与制造方法

原材料的类型与制造方法示例见表3-7。

表3-7 原材料的类型与制造方法示例

基本类型	细分类型	制造工艺
棒料	圆棒料	车削,磨削,铣削,锻压,冷成形,钻削
	方棒料	磨削,铣削,锻压,冷成形,刨削,钻削
	六角形棒料	车削,铣削
	金属管	螺纹加工
	聚合物管	吹塑

续表

基本类型	细分类型	制造工艺
板材	金属材料	钣金加工中的剪切、冲裁、折弯,深冲压,延展成形,旋压,连续挤压
	金属钢板	轧制
	聚合物材料	吹塑,真空成形
粉末	金属粉末	粉末冶金,激光烧结
	聚合物粉末	连续挤压
颗粒	聚合物颗粒	注塑成形,连续挤压

3.1.8 材料选择的影响因素

零件材料的选择通常要考虑零件的功能、制造加工的方法和零件的形状。设计过程主要考虑的是功能实现,要满足使用的需求。制造过程决定着零件的形状、尺寸、精度和成本。

3.1.9 钢材料的测试识别

如果所用钢材料不能确定其型号,则可用一些现场测试的方法做出初步判定,常用方法有目测法、硬度测试、划痕硬度测试、锉刀硬度测试、砂轮火花测试、切削测试等。低碳钢和高碳钢棒料的砂轮火花测试见图 3-3。

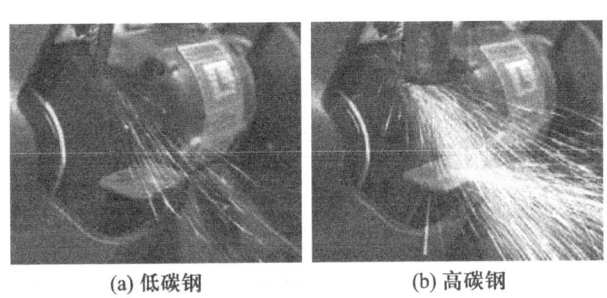

(a) 低碳钢　　　　(b) 高碳钢

图 3-3　砂轮火花测试

3.2　切削加工过程中的零件热处理

切削加工过程中的对零件材料热处理主要有以下四个方面,其应用说明见表 3-8。

1) 预先热处理,为了改善工件材料切削性能而进行的热处理工序(如退火、正火、调质等),应安排在切削加工之前进行。

2) 去除内应力处理,为了消除内应力而进行的热处理工序(如退火、人工时效、正火等),最好安排在粗加工之后,精加工之前进行;有时也可安排在切削加工之前进行。

表 3-8 切削加工中的热处理工序应用示例

类型	目的	热处理	应用及说明
预先热处理	改善切削性能,消除毛坯制造时的内应力 安排在切削加工前	退火	用于高碳钢、高合金钢的预先热处理,降低硬度,改善材料的切削加工性
		正火	用于低碳钢、中碳钢和低合金钢,提高低碳钢的硬度,改善材料的切削加工性
		调质	常应用于中碳钢和低合金钢,可使零件获得细密均匀的回火索氏体组织,改善切削性能,也用作预先热处理
去除内应力处理	消除内应力,以减少工件在加工或使用时的变形 最好安排在粗加工之后,有时也安排在切削加工前	人工时效	用于精密工具、量具等,以及精度要求高的机械零件,如丝杠等
		去除应力退火	用于铸件、锻件和焊接件,如机床床身、发动机箱体、变速箱箱体等
		正火	用于低碳钢、中碳钢和低合金钢,消除内应力,提高低碳钢性能,作为最后热处理
改善材料性能处理	提高工件的硬度、强度和耐磨性 安排在半精加工后,磨削加工前,有氮化处理时应安排在磨削之后	淬火	碳的质量分数大于0.2%的钢才适宜淬火,碳素钢和低合金钢用水或者油作冷却介质,高合金钢则用油作冷却介质
		调质	调质(淬火+高温回火)使工件具有高强度和良好的韧性,如传动轴、曲轴、连杆、螺栓
		表面淬火	常用感应加热淬火,获得高硬度和高耐磨性的马氏体表面层,中心仍保持原来的组织和良好的韧性。如曲轴、主轴、齿轮、导轨面、机车车轮等
		渗碳淬火	用于低碳钢,获得高碳的表面层,提高工件表面的硬度和耐磨性,如变速箱齿轮等
		渗氮淬火	提高工件表面的硬度和耐磨性,用于承受冲击载荷、耐磨性和疲劳强度要求高的各种机械零件及工模具,如高速传动齿轮、高精度磨床主轴和镗杆等
		氮碳共渗	提高工件表面的硬度和耐磨性,广泛用于处理高速钢刀具、模具、量具、齿轮、曲轴、凸轮轴等

3) 改善材料性能处理,为了改善工件材料的力学物理性质而进行的热处理工序(如调质、淬火等)通常安排在粗加工后、精加工前进行。其中,渗碳淬火一般安排在切削加工后,磨削加工前进行。而表面淬火和渗氮等变形小的热处理工序,允许安排在精加工后进行。

4) 为了提高零件表面耐磨性或耐蚀性而进行的热处理工序以及以装饰为目的的热处理工序或表面处理工序(如镀铬、镀锌、氧化、发蓝处理等)一般放在工艺过程的最后。

3.3 毛坯选择及毛坯图绘制

3.3.1 毛坯选择

毛坯选择指的是在已知设计对象（零件）及其年生产纲领的情况下，按照零件的力学性能要求及零件的结构形状特点，确定毛坯的形状和制作方法。进行的主要工作如下。

1. 确定毛坯的类别

常用的毛坯形式有铸件、锻件、型材、冲压件、焊接件、粉末冶金件及工程塑料件等，参见表3-9。

表3-9 各类毛坯的特点

毛坯类别	毛坯制造方法	材料	形状复杂性	精度等级（IT）	适应的生产类型
铸件	木模手工造型	铸铁、铸钢和有色金属	复杂	12~14	单件、小批生产
	木模机器造型			~12	中批生产
	金属模机器造型			~12	大批、大量生产
	离心铸造	有色金属和部分黑色金属	回转体	12~14	中批和大批、大量生产
	压铸	有色金属	取决于模具制造	9~10	大批、大量生产
	熔模铸造	铸钢、铸铁	复杂	10~11	中批和大批、大量生产
	失蜡铸造	铸铁和有色金属	复杂	9~10	大批、大量生产
锻件	自由锻件	钢	简单	12~14	单件、小批生产
	模锻		较复杂	11~12	大批、大量生产
	精密模锻			10~11	大批、大量生产
型材	热轧（型材、板材）	钢、有色金属	简单	11~12	大批、大量生产
	冷轧（拉）（型材、板材）			9~10	大批、大量生产
冲压件	板料冲压	钢、有色金属	较复杂	8~9	大批、大量生产
粉末冶金件	粉末冶金	铁基、铜基、铝基材料	较复杂	7~8	大批、大量生产
	粉末冶金热模锻			6~7	大批、大量生产
焊接件	普通焊接	铁基、铜基、铝基材料	较复杂	12~13	单件、小批生产
	精密焊接			10~11	单件、小批和中批生产
工程塑料	注射成形 吹塑成形 精密模压	工程塑料	复杂	9~10	大批、大量生产

2. 确定毛坯的应有形状

需要确定：① 哪些表面要在毛坯上制出（做成什么样子、什么尺寸？）；② 哪些表面不要求在毛坯上制出（如某一尺寸以下的孔或槽）。

从减少机械加工工作量和节约金属材料出发，毛坯应尽可能接近零件的最终形状，但由于铸锻工艺本身的限制（如泥芯的安放、分型面的选择、模具的制造等），这一要求在多数情况下无法实现。它主要表现在那些小尺寸的孔、槽、凹坑等表面很难或甚至无法在毛坯上预制出来。再加上必要的起模斜度等因素，就导致了毛坯和零件形状的差异。表 3-10 和表 3-11 分别给出最小铸孔和锻出条件。

表 3-10 最 小 铸 孔   mm

表面类别	单件生产	成批生产	大量生产
通圆孔	30～50	15～30	12～15
不通圆孔	36～60	20～36	15～18
通方孔或矩形孔	36～60	20～36	15～18
不通方孔或矩形孔	40～70	20～40	16～20

注：槽、凹坑等几何形状可借用方、矩形孔尺寸。

表 3-11 锻 出 条 件   mm

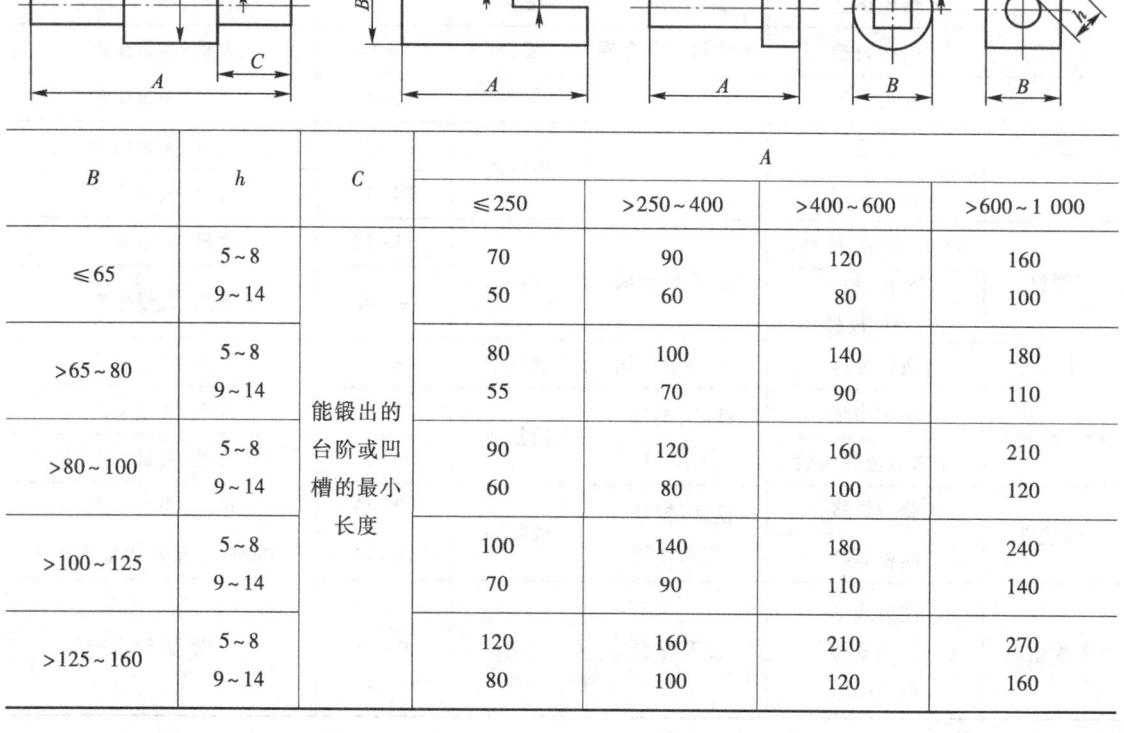

B	h	C	A			
			≤250	>250～400	>400～600	>600～1 000
≤65	5～8		70	90	120	160
	9～14		50	60	80	100
>65～80	5～8		80	100	140	180
	9～14		55	70	90	110
>80～100	5～8	能锻出的台阶或凹槽的最小长度	90	120	160	210
	9～14		60	80	100	120
>100～125	5～8		100	140	180	240
	9～14		70	90	110	140
>125～160	5～8		120	160	210	270
	9～14		80	100	120	160

3. 规定毛坯的精度等级

规定毛坯的精度等级,从而得知毛坯各相应尺寸的公差和极限尺寸。以便进一步判断:① 毛坯对装夹可靠性的影响;② 对定位误差的影响;③ 对实际加工余量的影响;④ 对实际最大切削力和所需夹紧力的影响。

4. 确定毛坯尺寸和公差

机械加工中毛坯尺寸与零件图上的设计尺寸之差,称为加工总余量。加工总余量的大小取决于加工过程中各个工序应切除的金属层厚度总和。制订工艺时,各工序的加工余量需要先确定,以求出各加工面的总余量。

1) 毛坯尺寸。由零件图上的设计尺寸和加工总余量来确定毛坯的尺寸。

2) 毛坯尺寸公差。对于铸件,铸件尺寸公差见表3-12,详见国家标准"GB/T 6414—2017 铸件 尺寸公差、几何公差与机械加工余量"。对于锻件参见国家标准"GB/T 12362—2016 钢质模锻件 公差与机械加工余量"。

表 3-12 铸件尺寸公差 mm

毛坯铸件公称尺寸		铸件尺寸公差等级 DCTG										
大于	至	3	4	5	6	7	8	9	10	11	12	13	14
—	10	0.18	0.26	0.36	0.52	0.74	1	1.5	2	2.8	4.2	—	—
10	16	0.2	0.28	0.38	0.54	0.78	1.1	1.6	2.2	3	4.4	—	—
16	25	0.22	0.3	0.42	0.58	0.82	1.2	1.7	2.4	3.2	4.6	6	8
25	40	0.24	0.32	0.46	0.64	0.9	1.3	1.8	2.6	3.6	5	7	9
40	63	0.26	0.36	0.5	0.7	1	1.4	2	2.8	4	5.6	8	10
63	100	0.28	0.4	0.56	0.78	1.1	1.6	2.2	3.2	4.4	6	9	11
100	160	0.3	0.44	0.62	0.88	1.2	1.8	2.5	3.6	5	7	10	12
160	250	0.34	0.5	0.72	1	1.4	2	2.8	4	5.6	8	11	14
250	400	0.4	0.56	0.78	1.1	1.6	2.2	3.2	4.4	6.2	9	12	16
400	630	—	0.64	0.9	1.2	1.8	2.6	3.6	5	7	10	14	18
630	1 000	—	0.72	1	1.4	2	2.8	4	6	8	11	16	20

对于锻件和铸件,表面的金属层往往不同于表层内部的金属。在铸铁件上,有较内部硬的外壳(白口铁);锻件的表层(外皮)有氧化层和脱碳层,因此表面层有较高的硬度,粗加工时的切削深度应大于表层的厚度。不同毛坯的表层厚度见表3-13。

表 3-13 各种毛坯的表层厚度 mm

铸件		自由锻件		模锻件	
灰铸铁	1~4	碳钢	≤1.5	碳钢	≤1
铸钢	2~5	合金钢	2~4	合金钢	≤0.5

铸件和锻件的常见缺陷见表 3-14、表 3-15。

表 3-14 铸件的常见缺陷

序号	缺陷名称	缺陷特征
1	化学成分不合格	铸件化学成分不符合技术要求
2	金相组织不合格	铸件金相组织不符合技术要求
3	白口	断面呈白色,局部或全部过硬,难以加工
4	力学性能不合格	强度、硬度、耐磨性能不符合技术要求
5	多肉	铸件上有形状不规则的毛刺、披缝或凸出部分
6	浇不足	由于金属液未充满型腔而产生的铸件缺陷
7	落砂	砂型或泥芯大块脱落而产生的凹凸缺陷
8	胀箱	铁水将砂箱抬起,导致外形变化
9	错箱	铸件的两部分在分型面上错移
10	偏心	泥芯位置偏移,内孔和内腔与外形不符合图样要求
11	变形	由于收缩应力引起铸件外形和尺寸与图样不符
12	冷隔	铸件上有一种未完全融合的缝隙或洼坑,其交接边缘是圆滑的
13	夹砂	铸件表面有一层金属瘤状或片状物,而瘤与铸件间夹有一层型砂
14	结疤	铸件表面上金属、型砂或渣的瘤、片状夹杂物
15	粘砂	铸件表层覆盖着一层金属或金属氧化物与砂的混合物,或一层烧结的型砂
16	裂纹	铸件上有穿透或不穿透的裂纹
17	气孔	铸件表层或内部有大小不等的光滑孔眼
18	缩孔	铸件厚断面内部、厚薄断面交接处的内部或表面产生的缩孔或凹坑
19	缩松	铸件内部微小的缩孔或群聚的粗大晶粒间的微小孔眼,水压试验时渗水
20	砂眼或渣眼	铸件表面或内部含有充塞着砂或渣的孔眼
21	铁豆	铸件内部或表面有包含着金属小珠的孔眼

表 3-15 锻件的常见缺陷

序号	缺陷名称	缺陷特征
1	凹坑	因氧化皮压入锻件正面,待氧化皮脱落后形成的凹坑
2	形状不完整	由于始锻温度低,锻造设备吨位不足,锻模磨损和终锻时打击次数不足。造成锻件在凸出部、转角和某些筋或壁处产生成形不完全现象

续表

序号	缺陷名称	缺陷特征
3	模锻不足	垂直于分模面上的尺寸都增大
4	错移	锻件沿分模面相对错移
5	飞边	沿分模面留下的未切下的毛边
6	曲度	锻件中心线或平面与正确几何形状的偏差。它主要是在切边或热处理时产生变形而引起的
7	尺寸不足	因下料不足、烧损过多或对冷却收缩估计不足而造成的锻件整个或部分尺寸不足

模锻件的错移量、表面缺陷层深度和飞边尺寸的允许值见表3-16。

表3-16 模锻件的错移量、表面缺陷层深度和飞边尺寸的允许值　　　　mm

模锻设备	错移量	缺陷层深度	飞边尺寸
1吨锻锤	0.5~0.8	0.5~0.8	0.8~1.0
1.5吨锻锤	0.8~1.0	0.8~1.0	1.0
2吨锻锤	~1.0	1.0	1.0
3吨锻锤	1.0~1.2	1.0~1.2	1.0~1.5
5吨锻锤	1.2~1.5	1.5~2.0	1.5
10吨锻锤	1.5~2.5	0.8	2.0
225吨平锻机	0.8	0.8~1.0	0.5~1.0
500吨平锻机	0.8~1.0	1.0	1.0
800吨平锻机	1.0	1.0~1.5	1.0~1.5

3.3.2 毛坯图的绘制

1. 绘制毛坯图

毛坯轮廓用粗实线绘制,零件实体用细双点画线绘制,比例尽量取1:1。先用细双点画线画出经过简化细节处理后的零件图的主视图,在各加工面叠加加工余量,同时考虑毛坯制造的分模面、圆角半径和起模斜度等,用粗实线绘制毛坯外轮廓。标注毛坯尺寸与公差。

2. 说明毛坯的技术要求

在毛坯图上应标出技术要求,如毛坯精度、热处理及硬度、圆角尺寸、起模斜度、表面质量要求等。

对应锻件,应合理确定其分模面的位置,对应铸件应合理确定其分型面及浇冒口的位置,以便在粗基准选择及确定定位和夹紧点时有所依据。

图3-4为齿轮模锻件毛坯图示例。

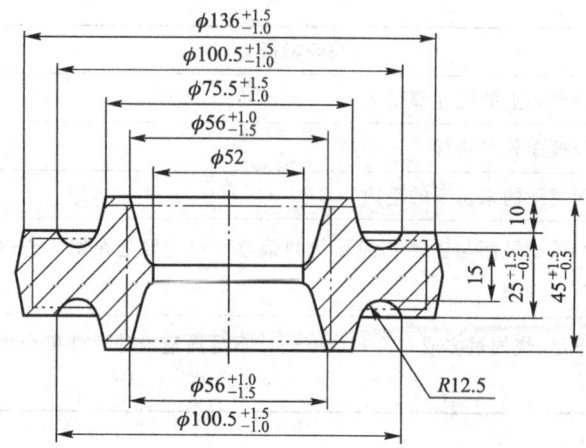

技术条件
1. 未注明圆角半径 $R3$ mm；
2. 未注明模角为 $7°$；
3. 残余飞边在圆周上不大于 1.5 mm；
4. 表面缺陷层深度不大于 2 mm；
5. 热处理 156~217 HB；
6. 错模量不大于 1 mm；
7. 去锐边。

图 3-4 齿轮模锻件毛坯图示例

第4章 机床及工艺装备

本章要点

机床型号；机床与工艺装备的选择原则；不同加工方法所能达到的加工经济精度；刀具材料选择；夹具组成元件及其标准；常用不同切削加工方法的机床、刀具、夹具类型；量具的种类。

4.1 机 床

4.1.1 机床的型号

根据 GB/T 15375—2008《金属切削机床 型号编制方法》的规定，机床型号是用汉语拼音字母和阿拉伯数字组合而成的。型号中包含：机床的类别代号（表4-1）；机床的特性代号［包括通用特性代号（表4-2）和结构特性代号］；机床的组和型别代号；主要性能参数代号；机床重大改进序号等。

表4-1 机床的类别代号

类别	车床	钻床	镗床	磨床			齿轮加工机床	螺纹加工机床	铣床	刨床插床	拉床	电加工机床	切断机床	其他机床
代号	C	Z	T	M	2M	3M	Y	S	X	B	L	D	G	Q
参考读音	车	钻	镗	磨	2磨	3磨	牙	丝	铣	刨	拉	电	割	其

表4-2 机床通用特性代号

通用特性	高精度	精密	自动	半自动	数控	加工中心（自动换刀）	
代号（读音）	G(高)	M(密)	Z(自)	B(半)	K(控)	H(换)	
通用特性	仿形	轻型	加重型	简式或经济型	柔性加工单元	数显	高速
代号（读音）	F(仿)	Q(轻)	C(重)	J(简)	R(柔)	X(显)	S(速)

机床的类别和组别见表4-3，典型机床型号示例见表4-4。常用加工设备的技术参数见表4-5。

表 4-3 机床的类别和组别

类及代号		组代号									型号示例[①]
		0	1	2	3	4	5	6	7	8	9	
车床 C		仪表车床	单轴自动车床	多轴自动、半自动车床	回轮、转塔车床	曲轴及凸轮轴车床	立式车床	落地及卧式车床	仿形及多刀车床	轮、轴、锭、辊及铲齿车床	其他车床	床身上最大工件回转直径为 400 mm 的卧式车床（普通车床），其型号为 C6140 最大棒料直径为 50 mm 的六轴棒料自动车床，其型号为 C2150×6
钻床 Z			坐标镗钻床	深孔钻床	摇臂钻床	台式钻床	立式钻床	卧式钻床	铣钻床	中心孔钻床	其他钻床	最大钻孔直径为 40 mm，最大跨距为 1 600 mm 的摇臂钻床，其型号为 Z3040×16 最大钻孔直径为 20 mm 的立式钻削加工中心，其型号为 ZH5120
镗床 T				深孔镗床		坐标镗床	立式镗床	卧式镗铣床	精镗床	汽车、拖拉机修理用镗床	其他镗床	工作台面宽度为 500 mm，五轴联动卧式加工中心，其型号为 TH6350/5L 工作台面宽度为 800 mm 的高精度双柱坐标镗床，其型号为 TG4280
磨床	M	仪表磨床	外圆磨床	内圆磨床	砂轮机	坐标磨床	导轨磨床	刀具刃磨床	平面及端面磨床	曲轴、凸轮轴、花键轴及轧辊磨床	工具磨床	最大磨削直径为 400 mm 的高精度数控外圆磨床，其型号为 MKG1340 最大回转直径为 400 mm 的半自动曲轴磨床，其型号为 MB8240
	2M		超精机	内圆珩磨机	外圆及其他珩磨机	抛光机	砂带抛光及磨削机床	刀具刃磨及研磨机床	可转位刀片磨削机床	研磨机	其他磨机	最大珩孔直径为 200 mm 的深孔珩磨机，其型号为 2M2120 工作台面宽度为 200 mm 的平面砂带磨床，其型号为 2M5820
	3M		球轴承套圈沟磨床	滚子轴承套圈滚道磨床	轴承套圈超精机		叶片磨削机床	滚子加工机床	钢球加工机床	气门、活塞及活塞环磨床	汽车拖拉机修理用磨床	最大工件孔径为 200 mm 的摆式轴承内圈沟磨床，其型号为 3M1120 最大工件孔径为 90 mm 的自动轴承内圈沟超精机，其型号为 3MZ319

4.1 机　床

续表

类及代号	组代号										型号示例[①]
	0	1	2	3	4	5	6	7	8	9	
齿轮加工机床 Y		仪表齿轮加工机床	锥齿轮加工机	滚齿机及铣齿机	剃齿机及珩齿机	插齿机	花键轴铣床	齿轮磨齿机	其他齿轮加工机床	齿轮倒角机及齿轮检查机	最大工件直径为 800 mm 的精密滚齿机,其型号为 YM3180 最大工件直径为 320 mm 的插齿机,其型号为 Y5132
螺纹加工机床 S			套丝机	攻丝机		螺纹铣床	螺纹磨床	螺纹车床			最大工件直径为 200 mm 的半自动万能螺纹磨床,其型号为 SB7250 型 最大工件直径为 325 mm 的高精度滚刀铲磨床,其型号为 SG7832 型
铣床 X		仪表铣床	悬臂及滑枕铣床	龙门铣床	平面铣床	仿形铣床	立式升降台铣床	卧式升降台铣床	床身铣床	工具铣床	其他铣床	工作台面宽度为 400 mm 的数控立式升降台铣床,其型号为 XK5040 工作台面宽度为 250 mm 的万能工具铣床,其型号为 X8125
刨插床 B		悬臂刨床	龙门刨床			插床	牛头刨床		边缘及模具刨床	其他刨床	最大刨削宽度为 1 600 mm 的龙门刨床,其型号为 B2016 最大插削长度为 320 mm 的插床,其型号为 B5032
拉床 L			侧拉床	卧式外拉床	连续拉床	立式内拉床	卧式内拉床	立式外拉床	键槽、轴瓦及螺纹拉床	其他拉床	额定拉力为 100 kN 的卧式拉床,其型号为 L6110 型 额定拉力为 100 kN 的上拉式键槽拉床,其型号为 L8510 型
锯床 G			砂轮片锯床	卧式带锯床	立式带锯床	圆锯床	弓锯床	锉锯床			最大锯削直径为 320 mm 的自动卧式带锯床,其型号为 GZ4032 锯片尺寸为 710 mm 的圆锯床,其型号为 G607
其他机床 Q	其他仪表机床	管子加工机床	木螺钉加工机	刻线机	切断机	多功能机床					最大加工直径为 80 mm 的管子螺纹车床,其型号为 Q1380 最大加工直径为 500 mm 的高精度圆刻线机,其型号为 QG405

① 机床型号的表示方法详见 GB/T 15375—2008《金属切削机床　型号编制方法》。

表 4-4 典型机床型号示例

类及代号	组代号	系代号	机床型号示例
C 车床	5 立式车床		C512A,C516A,C523
	6 落地及卧式车床		C616,C620,C630
		61 卧式车床	C6140A,CK6132
		62 马鞍车床	C6241
Z 钻床	3 摇臂钻床		Z35,Z37,Z35K
		30 摇臂钻床	Z3025
	4 台式钻床	40 台式钻床	Z4006
	5 立式钻床		Z518,Z525,Z550
T 镗床	4 坐标镗床	41 单柱坐标镗床	T4163,TS4132
		42 双柱坐标镗床	T4240,TA4280
	6 卧式镗铣床		T616,T68,T611
M 磨床	1 外圆磨床		M120
		13 外圆磨床	M1331,MQ1350
		14 万能外圆磨床	M1432A,MBG1420
	2 内圆磨床		M250A
		21 内圆磨床	M2110,M2120
	7 平面及端面磨床	71 卧轴矩台	M7120A,M7130
		73 卧轴圆台	M7331,M7350
Y 齿轮加工机床	3 滚齿机及铣齿机		Y32B,Y38
		31 滚齿机	Y3150
	5 插齿机		Y54,Y58
		51 插齿机	Y5120A
	4 剃齿机	42 剃齿机	Y4232B,Y4236
	7 齿轮磨齿机	70 碟型砂轮	Y7063
		71 锥形砂轮	Y7125
		74 大平面砂轮	Y7431
X 铣床	5 立式升降台铣床		X51,X52K
		50 立式升降台	X5012,X5030C,XK5040
	6 卧式升降台铣床		X60,X60W,X62WA
		61 万能升降台铣床	X6130
	8 工具铣床	81 万能工具铣床	X8126

类及代号	组代号	系代号	机床型号示例
B 刨插床	2 龙门刨床	20 龙门刨床	B2012A,B2016A
	6 牛头刨床		B635,B650
		60 牛头刨床	B6063
	5 插床	50 插床	B5032,B5050
L 拉床	5 立式内拉	51 立式内拉	L5120
	6 卧式内拉	61 卧式内拉	L6110

表 4-5 常用加工设备的技术参数　　　　　　　　　　　　　　　mm

机床	最大加工直径×加工长度	主轴转速/(r/min)	加工质量			表面粗糙度 Ra/μm	主电机功率/kW
			不圆柱度	锥度	不平度		
普通车床 C6132	320×800	40~1 200	0.01	0.01	0.015/180	1.6	4
CA6140	400×650	10~1 800	0.01	0.01/100	0.015/200	1.6	7.5
CM6140	400×900	10~1 400	0.005	0.01/150	0.01/200	0.8	7.5

机床	最大钻孔直径	主轴行程	主轴转速级数	主轴转速/(r/min)	主电机功率/kW
立式钻床 Z518	18	150	6	310~2 975	1
Z525	25	175	9	97~1 360	2.8
摇臂钻床 Z35	50	350	18	34~1 700	5.5
Z37	75	450	22	11.2~1 400	7.5

机床	最大刨削长度	工作台工作面积	每分钟滑枕往复次数	每往复行程工作台水平进给量	主电机功率/kW
牛头刨 B650	500	顶面:455×405	8 级	6 级	4
		侧面:435×355	11~120	0.35~2.13	
B665	650	侧面: 650×450	6 级 12.5~72.7	10 级 0.33~3.33	3

机床	最大镗孔直径	主轴转速/(r/min)	加工质量		表面粗糙度 Ra/μm
			不圆柱度	端面不平度	
卧式镗床 T617	240	13~1 160	0.02	0.02	1.6
T68	240	20~1 000	0.02/300	0.02/300	1.6

续表

机床	最大镗孔直径	主轴转速/(r/min)	加工质量		表面粗糙度Ra/μm
			不圆柱度	端面不平度	
精密卧镗铣 T646	240	8~1 036	0.01	0.01	0.8
立式金刚镗 T716	165	19~600	0.01	0.01	0.8
外圆磨床 M131	磨削直径 8~315	磨削长度 1 000	0.003	0.006	0.2
内圆磨床 M2120	磨孔直径 50~200	磨孔深度 120~160	0.006	0.005/200	0.4
平面磨床 M7730K	磨削面积 长×宽 1 000×300		不平度 0.015/1 000		0.8
无心磨床 M1040	磨削直径 2~40	磨削宽度 140	椭圆度 0.002	不圆柱度 0.004	0.2

机床	工作台工作面积 长×宽	工作台最大行程 纵向×横向×垂直	主轴转速/(r/min)	主电机功率/kW
卧式铣床 X60	800×200	500×160×300	50~2 240	3
卧式铣床 X62	1 250×320	700×255×360	30~1 500	7.5
立式铣床 X52K	1 250×320	700×255×370	30~1 500	7.5
万能铣床 X62W	1 250×320	700×255×370	30~1 500	7.5

机床	额定拉力/(×10³ kgf*)	最大行程	滑枕行程速度		主电机功率/kW
			工作/(m/min)	返回(m/min)	
立式内拉床 L5120	20	1 250	1.5~13	7~20	14
卧式内拉床 L6110	10	1 250	2~11	14~25	17
卧式内拉床 L6120	10	1 600	1.5~11	7~20	22

* 1 kgf=9.8 N

4.1.2 不同加工方法所能达到的加工经济精度

各种加工方法(车、铣、刨、磨、钻、镗、铰等)所能达到的加工精度和表面粗糙度,都是有一定范围的。在正常的加工条件下(使用符合质量标准的设备、工艺装备和标准技术等级的工人、合理的工时定额)所能达到的加工精度和表面粗糙度称为加工经济精度。

生产上加工精度的高低是用其可以控制的加工误差的大小来表示的。加工误差小,则加工精度高;加工误差大,则加工精度低。正常加工条件下各种切削加工工艺所能达到的与工件尺寸相对应的尺寸公差、公差等级及表面粗糙度见表 4-6、表 4-7、表 4-8。

表 4-6 正常加工条件下各种切削加工工艺所能达到的与工件尺寸相对应的尺寸公差

尺寸范围/mm	能达到的公差(±)/mm							
0~15	0.004	0.005	0.008	0.013	0.02	0.031	0.051	0.08
15~25	0.004	0.006 5	0.01	0.015	0.025	0.038	0.064	0.10
25~38	0.005	0.008	0.013	0.02	0.031	0.051	0.08	0.13
38~70	0.006 5	0.01	0.015	0.025	0.038	0.064	0.10	0.15
70~115	0.008	0.013	0.02	0.031	0.051	0.08	0.13	0.20
115~200	0.01	0.015	0.025	0.038	0.064	0.10	0.15	0.25
200~350	0.013	0.02	0.031	0.051	0.08	0.13	0.20	0.30
350~500	0.015	0.025	0.038	0.064	0.10	0.15	0.25	0.38
研磨和珩磨								
磨削、金刚石车削								
拉削								
铰孔								
车削、镗削、刨削								
铣削								
钻削								

表 4-7 正常加工条件下各种加工方法可能达到的公差等级

加工方法	公差等级 IT																	
	01	0	1	2	3	4	5	6	7	8	9	10	11	12	13	14	15	16
研磨																		
珩磨																		
内外圆磨削																		

续表

加工方法	公差等级 IT																
	01	0	1	2	3	4	5	6	7	8	9	10	11	12	13	14	15	16
平面磨削							■	■	■	■	■	■						
金刚石车削							■	■	■									
金刚石镗削							■	■	■									
拉削									■	■	■							
铰孔								■	■	■	■							
车削								■	■	■	■	■	■	■				
镗削								■	■	■	■	■	■					
铣削										■	■	■	■					
刨削、插削											■	■	■	■				
钻孔												■	■	■				
滚压、挤压									■	■	■	■						
冲压												■	■	■	■			
压铸													■	■	■			
粉末冶金成形							■	■	■									
粉末冶金烧结									■	■	■							
砂型铸造、气割																	■	
锻造																■		

表 4-8 各种加工方法所能达到的表面粗糙度

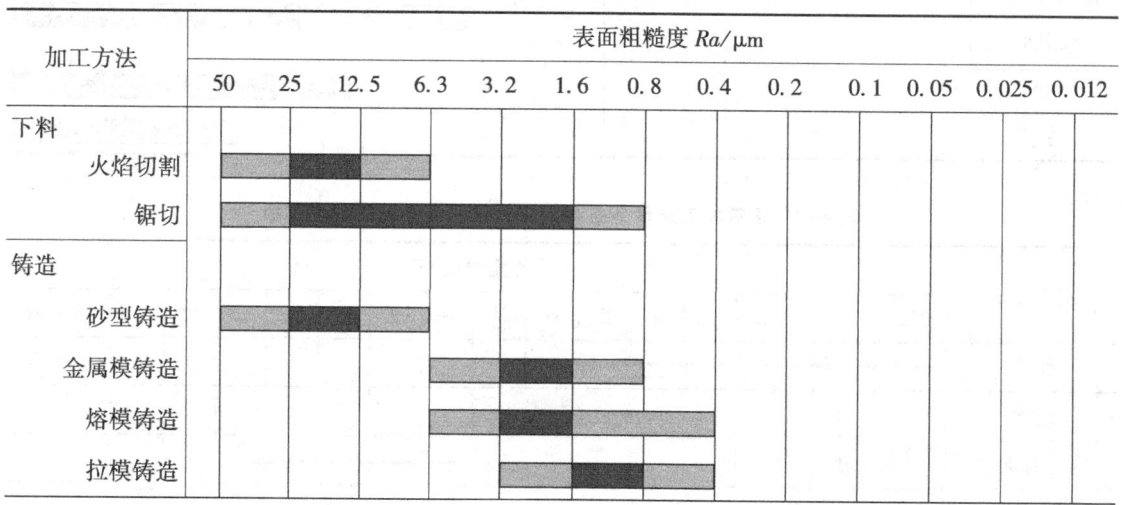

续表

加工方法	表面粗糙度 $Ra/\mu m$												
	50	25	12.5	6.3	3.2	1.6	0.8	0.4	0.2	0.1	0.05	0.025	0.012
锻压													
热轧													
锻造													
挤压													
冷轧													
滚压抛光													
切削加工													
刨削													
铣削													
拉削、铰削													
车削、镗削													
钻削													
特种加工													
化学加工													
电火花加工													
电子束、激光加工													
电化学加工													
精密加工													
珩磨													
滚磨光整													
电化学研磨													
磨削													
电解抛光													
抛光													
研磨													
超精加工													
典型零件													
齿轮													
滑动轴承轴径													
滑动轴承轴瓦													
滚动体													
滚动轴承滚道													

4.1.3 常用加工方法的经济精度

常见外圆加工、孔加工和平面加工的经济精度和表面质量见表4-9、表4-10和表4-11。

表4-9 外圆加工的经济精度和表面质量

加工方法	表面粗糙度 $Ra/\mu m$	表面缺陷层深度 $/\mu m$	尺寸精度等级	形状精度等级	形状误差/μm（圆柱度、圆度等）按加工表面公称尺寸选定/mm				
					≤6	>6~18	>18~50	>50~120	>120~260	>260~500
车削：粗车	25~12.5	120~60	IT12~IT13	10~11	30	40	60	80	100	120
半精车（一次车）	12.5~6.3	50~20	IT12 IT11	9~10	20	30	40	50	60	80
				8~9	12	20	25	30	40	50
精车	6.3~3.2	30~20	IT10 IT9	8	8	12	16	20	25	30
				7	5	8	10	12	16	20
细车	6.3~1.6	10~5	IT9 IT7	6	3	5	6	8	10	12
磨削：粗磨	1.6~0.8	20	IT9	7	5	8	10	12	16	20
精磨	0.8~0.4	15~5	IT7 IT6	6	3	5	6	8	10	12
细磨	0.4~0.1	5	IT6 IT5	5~6	2	3	4	5	6	8
研磨：超精研	0.4~0.1	3	IT5 —	4~5	1.2	2	2.5	3	4	5
滚压金刚石车	0.8~0.05	—	IT7 IT6 IT5	6	3	5	6	8	10	12
				4~5	2	3	4	5	6	8
附注	① 表中所列的数据适用于钢件，对于铸铁件和有色金属件，精度的极限偏差可采用高一级的数据。 ② 所列的尺寸和形状的极限偏差适用于表面的长径比为 $L/d<2.0$ 的情况，当 $L/d=2\sim10$ 时加工误差要增大1.2~2倍。									

4.1 机 床

表4-10 孔加工的经济精度和表面质量

加工方法		表面粗糙度 Ra/μm	表面缺陷层深度/μm	尺寸精度等级	形状精度等级	形状误差/μm（圆柱度、圆度等）按孔的直径（mm）选定					
						≤6	>6~18	>18~50	>50~120	>120~260	>260~500
钻孔	钻孔和用钻头扩孔	12.5~3.2	70~25	IT12~IT13	9~10	12	30	40	50	—	—
扩孔	粗扩	12.5~3.2	50~30	IT11	8~9	—	20	25	—	—	—
	在铸孔、冲孔上粗扩	6.3~3.2	40~25	IT12~IT13	9~10	—	30	40	50	—	—
	粗扩后或钻孔后精扩			IT11~IT10		—	30	40	50	—	—
铰孔	一般铰孔	0.8	10	IT10	8	—	12	16	20	—	—
	精铰			IT9	7	5	8	10	12	16	20
	细铰	0.4	5	IT8	6	3	5	6	8	10	12
拉孔	在铸出或冲出孔上拉孔	0.8~0.4	10~5	IT7	6	2	3	4	5	6	8
	在粗拉孔和钻出孔中精拉			IT6	4~5	—	—	—	—	—	—
镗孔	粗镗	12.5~6.3	50~30	IT9	7	—	8	10	12	16	—
	半精镗	3.2~1.6	25~15	IT7~IT8	6	—	5	6	8	10	—
	精镗	0.8~0.2	10~4	IT11~IT13	8~9	8	12~20	16~25	20~30	25~40	30~50
	金钢镗	0.8~0.2	10~4	IT9~IT10	7	5	8	10	12	16	20
磨孔	粗磨	0.8~0.4	20~25	IT7~IT8	6	3	5	6	8	10	12
	精磨			IT6	4~5	—	3	4	5	6	8
	细磨	0.4~0.1	5	IT7	6	2	5	6	8	10	12
研磨（珩磨）		0.2~0.025	5~3	IT6	4~5	1.2	2	2.5	3	4	5

附注：① 本表格所列数据适用于钢件，对于铸件，对于铸铁件和有色金属零件的工艺公差可取同级或高一级的数据；
② 孔的形状误差和尺寸误差，对于 L/d<2.0是有效的，当 L/d=2~10时，加工误差可扩大1.2~2倍。

表 4-11 平面加工时的经济精度和表面质量

加工方法		表面粗糙度 Ra/μm	表面缺陷层深度/μm	尺寸精度等级	几何精度等级	几何误差/μm 被加工平面尺寸（长×宽）(mm×mm)							
						≤60×60		>60×60~160×160		>160×160~400×400		>400×400	
						直线度 平面度	垂直度 平行度	直线度 平面度	垂直度 平行度	直线度 平面度	垂直度 平行度	直线度 平面度	垂直度 平行度
铣削和刨削	粗铣、粗刨	12.5~6.3	100~50	IT11~IT13 / IT10	11 / 10~11	80 / 40	100 / 60	120 / 60	160 / 100	200 / 100	250 / 160	250 / 160	400 / 250
	精铣、精刨	3.2~0.8	50~20	IT9 / IT7	8~9 / 7~8	25 / 16	40 / 25	40 / 25	60 / 40	60 / 40	100 / 60	100 / 60	160 / 100
	细铣、细刨	0.8~0.4	30~10	IT7 / IT6	6~7 / 6	10 / 6	16 / 10	16 / 10	25 / 16	25 / 16	40 / 25	40 / 25	60 / 40
端面车削	粗车	25~12.5	100~50	IT12~IT13 / IT11	11 / 9~10	80 / 40	100 / 60	120 / 60	160 / 100	200 / 100	250 / 160	250 / 160	400 / 250
	一次精车	12.5~1.6	50~20	IT10 / IT9	8~9 / 7~8	25 / 16	40 / 25	40 / 25	60 / 40	60 / 40	100 / 60	100 / 60	160 / 100
	细车	1.6~0.4	30~10	IT7	6	6	10	10	16	16	—	—	—
一次拉削		3.2~0.8	20	IT9 / IT7	6~7 / 6	10 / 6	16 / 10	16 / 10	25 / 16	25 / 16	40 / 25	40 / 25	60 / 40
磨削	粗磨	1.6	15~5	IT9 / IT7	6~7 / 5~6	10 / 6	16 / 10	16 / 10	25 / 16	25 / 16	40 / 25	40 / 25	60 / 40
	精磨或一次磨削	0.8~0.4	5	IT7 / IT6	6 / 5~6	6 / 4	10 / 6	10 / 6	16 / 10	16 / 10	25 / 16	25 / 16	40 / 25
	细磨	0.4~0.1	5	IT6 / IT5	4~5 / 2~3	2.5 / 1.6	4 / 2.5	4 / 2.5	6 / 4	6 / 4	10 / 6	10 / 6	16 / 10
研磨、细刮		0.4~0.1	5	IT5	2~3 / 2	1.6 / 1.0	2.5 / 1.6	2.5 / 1.6	4 / 2.5	4 / 2.5	6 / 4	6 / 4	10 / 6

附注：
① 表中所列数据适用于钢件，对于铸铁件和有色金属件应采用高一级精度。
② 几何精度等级栏中"平面度和直线度"精度应比"平行度和垂直度"精度高一级。如"平行度和垂直度"为 11 级，则相应的"平面度和直线度"应为 10 级。

4.2 刀　具

4.2.1 刀具材料

常用的刀具材料有工具钢(包括碳素工具钢、合金工具钢和高速钢)、硬质合金、陶瓷、金刚石和立方氮化硼等。因碳素工具钢和合金工具钢耐热性很差,目前仅用于手工工具。

刀具材料按用途分类见国家标准 GB/T 2075—2007《切削加工用硬切削材料的分类和用途大组和用途小组的分类代号》。在硬切削材料中,具体针对硬质合金的标准见 GB/T 18376.1—2008《硬质合金牌号　第1部分:切削工具用硬质合金牌号》。

刀具材料的选择要考虑所用加工方法、工件材料和经济性等因素,同时要考虑刀具材料特性,如耐磨强度及韧性(图4-1)。通过涂层处理,高速钢刀具和硬质合金刀具可提高其耐磨强度,常用的涂层材料是氮化钛(TiN)、碳化钛(TiC)、碳氮化钛(TiCN)、氧化铝(Al_2O_3)和金刚石,涂层可分为单层或多层,涂层厚度为 $2\sim15~\mu m$(图4-2)。

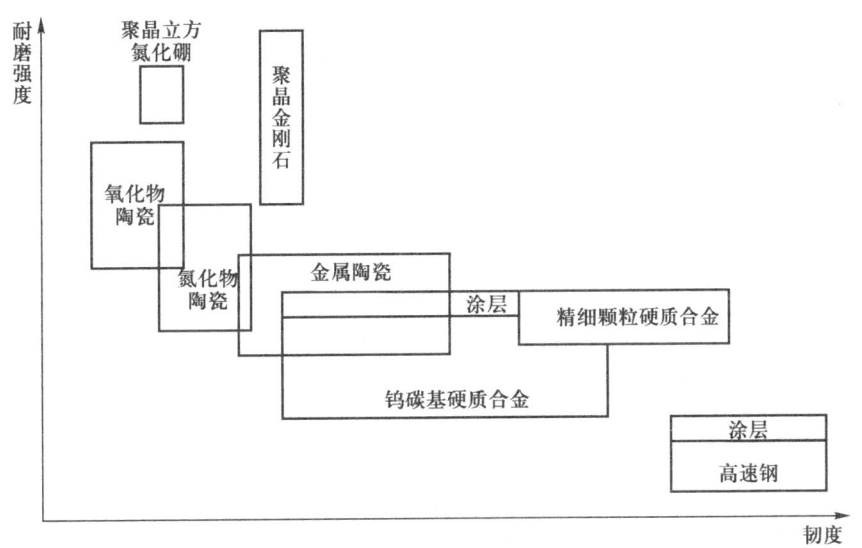

图4-1　刀具材料的耐磨强度与韧性

典型的硬质合金多涂层刀具,比如,高速连续切削:TiC/Al_2O_3;重载连续切削:TiC/Al_2O_3/TiN;轻载断续切削:TiC/TiC+TiN/TiN。其基本功能表现为:TiN 低摩擦;Al_2O_3 高的热稳定性;TiCN 纤维加强,有效减小刀具前、后面磨损,尤其对于断续切削更有效。

各种常用刀具材料的特性及使用范围见表4-12。

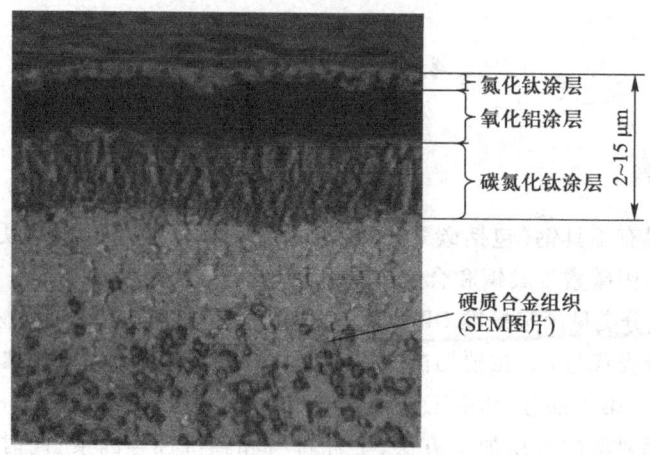

图 4-2 硬质合金的多层涂层

表 4-12 各种常用刀具材料的特性及使用范围

名称	说明	特性	使用范围
高速钢制成的刀具	高速钢是一种高合金工具钢,主要合金元素是钨、钼、铬、钒和钴	高韧性,高抗弯曲强度,制造简单,硬度低于70HRC,最大耐受温度达到600℃	麻花钻头,铣刀,拉刀工具,丝锥和板牙,成形车刀,塑料加工用刀具,还用于切削力变化幅度很大的切削加工
硬质合金刀具	硬质合金是一种复合材料,用高硬度材料碳化钨粉末和较软的结合剂钴经高压成形后,再在高温下烧结而成的粉末冶金制品,为改善高温耐磨强度,还加入了碳化钛和碳化钽	高耐热硬度(最大可达1 000℃),高耐磨强度,高抗拉强度,减振	用于铣刀和车刀的可转位刀片,镶有可转位刀片的钻头,全硬质合金减振刀片,几乎可以用于所有材料的切削加工
金属陶瓷	硬质合金基础材料为碳化钛取代碳化钨,以镍和钴为结合剂	高耐磨强度,高耐热强度,切削刃具具有高稳定性,高化学耐抗性	用于铣削和车削的可转位刀片,主要用于高速切削的精整加工
可转位陶瓷刀片	陶瓷切削材料具有极高的耐热硬度,与所切削的材料无任何化学反应	高硬度,耐热硬度最高达1 200℃,高耐磨强度,高抗拉强度,高化学耐抗性	加工铸铁和耐热合金,已淬火钢的硬精车,高速切削
表面烧结聚晶立方氮化硼层的硬质合金可转位刀片	聚晶立方氮化硼是由单晶立方氮化硼微粉在高温高压下聚合而成,立方氮化硼是位于金刚石之后最硬的切削材料	极高的硬度,耐热硬度最高达2 000℃,高耐磨强度,高化学耐抗性	硬车:已淬火钢的精整加工,加工后具有极佳的表面质量和极小的公差

名称	说明	特性	使用范围
表面烧结聚晶金刚石层的硬质合金可转位刀片	聚晶金刚石是由金刚石微粉在高温高压下聚合而成	最硬的切削材料,高耐磨强度,温度耐受性最高达600℃,与钢的合金金属成分有化学反应	切削有色金属和非含硅铝合金,用常规刀具加工这类材料会出现过大的机械磨耗

4.2.2 硬质合金刀具

硬质合金刀具各组别及适应的加工条件见表4-13。

表4-13 硬质合金刀具各组别及适应的加工条件

类别	分组号	基本成分	被加工材料	适应的加工条件
P	P01	以TiC、WC为基,以Co(Ni+Mo、Ni+Co)作为粘结剂的合金/涂层合金	钢、铸钢	高切削速度、小切削截面,无振动条件下的精车、精镗
P	P10		钢、铸钢	高切削速度,中、小切削截面条件下的车削、仿形车削、车螺纹和铣削
P	P20		钢、铸钢、长切屑可锻铸铁	中等切削速度,中等切削截面条件下的车削、仿形车削和铣削,小切削截面的刨削
P	P30		钢、铸钢、长切屑可锻铸铁	中或低等切削速度,中等或大切削截面条件下的车削、铣削、刨削和不利条件下的加工
P	P40		钢、含砂眼和气孔的铸钢件	低切削速度,大切削角,大切削截面以及不利条件下的车削、刨削、切槽和自动机床上的加工
M	M01	以WC为基,以Co作为粘结剂,添加少量TiC(TaC、NbC)的合金/涂层合金	不锈钢、铁素体钢、铸钢	高切削速度、小载荷,无振动条件下的精车、精镗
M	M10		不锈钢、铸钢、锰钢、合金钢、合金铸铁、可锻铸铁	中等和高等切削速度,中、小切削截面条件下的车削
M	M20		不锈钢、铸钢、锰钢、合金钢、合金铸铁、可锻铸铁	中等切削速度,中等切削截面条件下的车削、铣削
M	M30		不锈钢、铸钢、锰钢、合金钢、合金铸铁、可锻铸铁	中等和高等切削速度,中等或大切削截面条件下的车削、铣削、刨削
M	M40			车削、切断、强力铣削加工
K	K01	以WC为基,以Co作为粘结剂,或添加少量TaC、NbC的合金/涂层合金	铸铁、冷硬铸铁、短屑可锻铸铁	车削、精车、铣削、镗削、刮削
K	K10		布氏硬度高于220HB的铸铁、短屑可锻铸铁	车削、铣削、镗削、刮削、拉削

续表

类别	分组号	基本成分	被加工材料	适应的加工条件
K	K20	以 WC 为基，以 Co 作为粘结剂，或添加少量 TaC、NbC 的合金/涂层合金	布氏硬度低于 220HB 的灰口铸铁、短屑可锻铸铁	用于中等切削速度下，轻载荷粗加工、半精加工的车削、铣削、镗削等
	K30		铸铁、短屑可锻铸铁	用于在不利条件下可能采用大切削角的车削、铣削、刨削、切槽加工，对刀片的韧性有一定要求
	K40			用于在不利条件下的粗加工，采用较低的切削速度，大的进给量
N	N01	以 WC 为基，以 Co 作为粘结剂，或添加少量 TaC、NbC 或 CrC 的合金/涂层合金	有色金属、塑料、木材、玻璃	高切削速度下，有色金属铝、铜、镁，塑料、木材等非金属材料的精加工
	N10			较高切削速度下，有色金属铝、铜、镁，塑料、木材等非金属材料的精加工或半精加工
	N20		有色金属、塑料	中等切削速度下，有色金属铝、铜、镁，塑料、木材等非金属材料的半精加工或粗加工
	N30			中等切削速度下，有色金属铝、铜、镁，塑料等非金属材料的粗加工
S	S01	以 WC 为基，以 Co 作为粘结剂，或添加少量 TaC、NbC 或 TiC 的合金/涂层合金	耐热和优质合金，含镍、钴、钛的各类合金材料	中等切削速度下，耐热钢和钛合金的精加工
	S10			低切削速度下，耐热钢和钛合金的半精加工或粗加工
	S20			较低切削速度下，耐热钢和钛合金的半精加工或粗加工
	S30			较低切削速度下，耐热钢和钛合金的断续切削，适应于半精加工或粗加工
H	H01	以 WC 为基，以 Co 作为粘结剂，或添加少量 TaC、NbC 或 TiC 的合金/涂层合金	淬硬钢、冷硬铸铁	低切削速度下，淬硬钢、冷硬铸铁的连续轻载精加工
	H10			低切削速度下，淬硬钢、冷硬铸铁的连续轻载精加工、半精加工
	H20			较低切削速度下，淬硬钢、冷硬铸铁的连续轻载半精加工、粗加工
	H30			较低切削速度下，淬硬钢、冷硬铸铁的半精加工、粗加工

4.2.3 刀具几何角度的选择

刀具前面的形状及其应用见表 4-14。刀具基本角度的常用值见表 4-15。

表 4-14 刀具前面的形状及其应用

刀具前面形状		性能	应用
形状	特征		
(图)	平前面 正前角 无负倒棱	切削作用强 切削变形小 刀刃强度较差 不易断屑	各种高速钢刀具； 刃形复杂的成形刀具； 加工铸铁、青铜脆黄铜的硬质合金车刀、铣刀和刨刀
(图)	平前面 正前角 有负倒棱	切削作用较强 切削变形较小 刀刃强度尚好 不易断屑	加工铸铁的硬质合金车刀、铣刀和刨刀
(图)	前面有断屑槽 正前角 无负倒棱	切削作用强 易断屑 刀刃强度差	各种高速钢刀具； 加工有色金属及低碳钢的硬质合金车刀
(图)	前面有断屑槽 正前角 有负倒棱	切削作用较强 易断屑 刀刃强度较好	加工各种钢料的硬质合金车刀
(图)	平前面 负前角	切削作用较弱 易断屑 刀刃强度好	加工淬硬、高锰钢的硬质合金车、刨、铣刀

表 4-15 刀具基本角度的常用值

角度	常用值	适应对象	备注
前角 γ_0	$-5° \sim -15°$	硬质合金刀具加工淬火钢	(1) 材料塑性↑，前角 γ_0↑ (2) 同种材料时 粗加工，γ_0↓ 精加工，γ_0↑ (3) 机床刚度↑，γ_0↓ 机床刚度↓，γ_0↑
	$-5° \sim -10°$	硬质合金刀具加工高锰钢	
	$0° \sim 10°$	高速钢、硬质合金刀具粗加工钢件	
	$0° \sim 15°$	加工铸铁	
	$12° \sim 15°$	精加工钢件	
	$15° \sim 25°$	加工低碳钢、不锈钢	
	$20° \sim 40°$	加工铝、铝合金	
	$30° \sim 35°$	加工铜	

续表

角度	常用值	适应对象	备注
后角 α_0	2°~3° 3°~6° 5° 5°~8° 6°~10° 8°~12° 10°~15° 10°~20°	加工淬硬钢 加工一般材料 通用值 镗孔,加工青铜、黄铜、铸钢件 加工不锈钢 加工铝、低碳钢 某些负前角刀具 铣刀和薄切削刀具	(1) 材料塑性↑,α_0↓ (2) 精加工 α_0↑ (3) 工件刚度差 α_0↑
主偏角 κ_r	10°~30° 45° 60°~75° 75°~95°	系统刚度好,切深小,工件材料较硬时通用值(加工一般材料外圆、镗孔) 强力切削及粗车 加工细长轴,以及清理阶梯根部	系统刚度较好 系统刚度较差,切深较大或有冲击时 系统刚度差
刃倾角 λ_s	-4°~0° 0° 5°~10° 10°~45°	精车、加工细长轴 切断刀 粗车 断续切削、加工淬火钢;铣刀;刨刀	控制切屑流出方向,避免划伤已加工表面 提高刀具的抗冲击能力
副后角 α_0'	通常 $\alpha_1=\alpha$ 或稍小于 α		
副偏角 κ_r'	0°~5° 6°~10° 10°~20° 30°~40°	精加工一般材料 通用值 加工硬脆材料、不锈钢、合金钢 精加工一般材料的细长工件	[一般保持 $\kappa_r+\kappa_r'=90°$] 系统刚度好 系统刚度差;对工件需中间切入

4.3 夹 具

机械加工中在"机床—刀具—夹具—工件"组成的工艺系统内,四要素(即机床、刀具、夹具和工件)构成了静态/动态的几何关系,图 4-3 所示为工艺系统四要素之间的相互联系,图中虚线框内为夹具的组成元件(定位元件及定位装置、夹紧元件及夹紧装置、对刀导向元件、连接元件、夹具体),连线及箭头表示它们之间的相互关系。

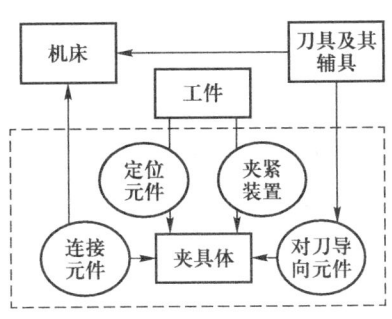

图 4-3 工艺系统四要素的相互关系

4.3.1 夹具的分类

按机床夹具的使用范围,可将其划分为以下几类:

1) 通用夹具 例如车床的三爪自定心卡盘、四爪单动卡盘、顶尖、拨盘、花盘等;铣床用的平口钳、分度头及回转工件台等;平面磨床上的电磁吸盘等。这些夹具通用性强,应用十分广泛,一般已标准化,并由专门的专业工厂生产,常作为机床的附件提供给用户。

2) 专用夹具 这是为某一特定工件的特定工序而专门设计的夹具。专用夹具广泛应用于批量生产中。

3) 通用可调夹具 这类夹具的特点是夹具的部分元件可以更换,部分装置可以调整,以适应不同零件的加工。针对成组加工中某一工序而设计制造的可调整夹具,称为成组夹具。通用可调整夹具与成组夹具相比,加工对象不很明确,适用范围更广一些。

4) 组合夹具 它是由一套预先制造好的标准元件组合而成。

5) 随行夹具 这是一种在自动线或柔性制造系统中使用的夹具。

机床夹具主要类型特点及适用范围见表 4-16。

表 4-16 机床夹具主要类型特点及适用范围

夹具类型	特点	适用范围
通用可调夹具	通用性强,工件定位基准面形状较简单,生产效率较低	单件、小批生产,部分通用可调夹具已专业化生产,作为机床附件,如三爪自定心卡盘、分度头、平口钳等
专用夹具	针对某一工件的某一工序专门设计,结构紧凑,操作简便,生产效率高,设计制造周期长。当产品更新或改进时,只要该零件尺寸形状变化,夹具即报废	大批、大量生产
专业化可调夹具	针对形状、尺寸、工艺要求相似的一组工件设计	多品种中批生产,尤其适用于成组生产,也称为成组夹具

续表

夹具类型	特点	适用范围
组合夹具	由预先制造好的一套标准元件、合件组装成专用夹具,使用后拆开,元件、合件又可用于组装新的夹具	新产品试制,单件、小批生产,也可用于中批生产
随行夹具	移动式夹具,安装工件后随自动线移动	用于自动线生产,工件一次安装,随夹具运行到多台机床,完成大多数表面加工

4.3.2 夹具常用材料代号及其基本性能

夹具常用材料代号及其基本性能见表4-17。

表4-17 夹具常用材料代号及其基本性能

类别	代号	抗拉强度 R_m /(N/mm²)	伸长率 /%	硬度 HBW	简要说明
灰铸铁	HT150	150		163~229	铸造性、减振性好,性能一般
	HT200	200		170~241	铸造性、减振性好,强度较高,可承受较大载荷
	HT250	250		170~241	
普通碳素结构钢	Q235	400	26		韧性、锻造性好
	Q275	530	20		塑性、焊接性好,易切削
优质碳素结构钢	10	333	31	137	塑性、韧性、焊接性、冷冲性好
	20	412	25	156	
	45	598	16	241	综合力学性能好,应用广泛,常进行调质处理
合金结构钢	20Cr	834	10	176	渗碳处理,表面硬度高,心部韧性好
	40Cr	981	9	207	综合力学性能好,应用广泛
弹簧钢	65			≤255	热处理后可得到高的强度和适当的韧性和塑性
	65Mn			≤269	
碳素工具钢	T8A			187(退火后)	用于制造要求足够硬度和韧性的工具或工件
	T10A			197(退火后)	用于制造要求耐磨,但不受冲击和剧烈振动的工具

续表

类别	代号	基本性能			简要说明
		抗拉强度 R_m /(N/mm²)	伸长率 /%	硬度 HBW	
铜合金	H62	300~600		56~164	用于制造耐磨零件
	ZHMn58-2-2	245~343	12	70~80	
	ZQSn5-5-5	177~196	8	60~65	
工程塑料	HG2-62-65（聚氯乙烯板）	50~100			耐腐蚀
	HG2-534-67（聚四氟乙烯板）	15~30			耐腐蚀,有一定耐磨性
	尼龙 66				耐腐蚀,耐磨

4.3.3 夹具常用材料应用举例

夹具常用材料应用举例见表 4-18。

表 4-18 夹具常用材料应用举例

材料	应用举例	热处理规范
HT150	一般夹具的夹具体,支座,顶盖	大型夹具体应时效处理
HT200	这样夹具的夹具体,镗模支架,钻模板,顶盖	时效处理
HT250		
Q235	焊接夹具体,支架,防护罩,盖板,铰链支座,普通连接件	焊接件应做去应力退火处理
Q275		
10	螺钉,螺母,销钉,垫圈	正火
	小轴,接杆,连接杆,拨叉	渗碳淬火 55~60HRC
	小型定位、导向元件,压板,摩擦片	氰化
20	定位销,支承钉,顶杆,导套,对刀块,钳口,压板,定位块,导向板	渗碳淬火 55~60HRC
	心轴,钻套,镗套,V 形块,偏心轮,凸轮	渗碳淬火 60~65HRC
45	轴,齿轮,花键,杠杆,支承套,支承座,大定位销,立柱拉杆,手柄	正火,或 T215
	套环,联动块,铰链座,铰链轴,紧固螺栓,螺母	Y35
	V 形块,定位板,导向板,定位销,压板,轴,齿轮,齿条,棘轮,分度盘	C42,或 C48

续表

材料	应用举例	热处理规范
20Cr	自位支承,推引支承,钻套,镗套,V形块,凸轮,偏心轮,棘爪,齿轮,传动螺杆	渗碳淬火 56~62HRC
40Cr	轴,齿轮,花键,杠杆,支承套,支承座,大定位销,立柱拉杆,手柄	T215
40Cr	套环,联动块,铰链座,铰链轴,V形块,定位板,导向板,定位销,压板,轴,齿轮,齿条,棘轮,分度盘	C42,或C48,或C52
65	螺旋弹簧,复位片簧,卡环	C45
65Mn	片簧,板簧,弹性垫圈,弹性心轴,弹性夹头,弹性夹爪,强力弹簧	C48,或C58
T8A	对刀块,塞尺,定位销,支承钉,支承板,偏心轮,夹爪,顶尖	C58
T10A	顶尖,钻套,衬套,导套,触头,分度盘,插销,对刀块	C61
H62	各种衬套和滑动轴承	低温退火
ZHMn58-2-2		
ZQSn5-5-5		
HG2-62-65（聚氯乙烯板）	堵片,端盖,侧盖,防护罩,贴面	
HG2-534-67（聚四氟乙烯板）	同上	
尼龙66	衬套,齿轮,齿条,导板,手柄	

4.4 常用机械加工方法

4.4.1 车削加工

1. 机床

常用车床的类型有卧式车床和落地车床,立式车床,转塔车床,单轴、多轴自动和半自动车床,仿形车床和多刀车床,数控车床和车削中心,各种专用车床等。

车床类机床的运动特征是主运动为主轴的回转运动,进给运动通常由刀具来完成。加工的型面及类型有内、外圆柱面,内、外圆锥面,端平面,回转轮廓面,螺纹等,工序内容包括车内、外圆,车端面,倒角,切断,车内、外螺纹,打中心孔,钻孔,滚花等。

2. 刀具

（1）车刀的种类

车刀在结构上可分为整体车刀、焊接车刀、机械夹固式车刀、成形车刀,即整体高速钢车刀、硬质合金焊接车刀、可转位刀片机械夹固车刀、各种成形车刀。

车刀按用途分为外圆车刀、端面车刀、内孔车刀、切断刀、切槽刀、外螺纹车刀、内螺纹车刀、成形车刀等。常用车刀种类见图 4-4。

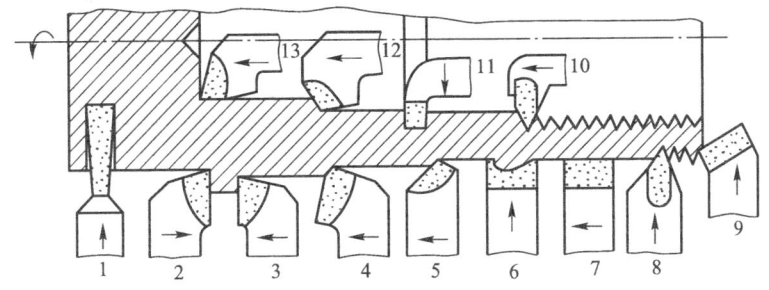

图 4-4 常用车刀种类

1—切断刀；2—左偏刀；3—右偏刀；4—弯头车刀；5—直头车刀；6—成形车刀；7—宽刃精车刀；
8—外螺纹车刀；9—端面车刀；10—内螺纹车刀；11—内槽车刀；12—通孔车刀；13—盲孔车刀

可转位刀片的形状及代号见表 4-19，详见可转位车刀型号表示规则（GB/T 5343.1—2007）和可转位车刀形式尺寸（GB/T 5343.2—2007）。

表 4-19 可转位刀片形状及代号

字母符号	刀片形状	刀片形式	字母符号	刀片形状	刀片形式
H	六边形	等边且等角	C	菱形 80°	等边但不等角
			D	菱形 55°	
			E	菱形 75°	
			M	菱形 86°	
O	八边形		V	菱形 35°	
			W	六边形 80°	
P	五边形		L	矩形	不等边但等角
			A	85°刀夹角平行四边形	不等边和不等角
S	四边形		B	82°刀夹角平行四边形	
			K	55°刀夹角平行四边形	
T	三角形		R	圆形刀片	圆形

可转位刀片多利用刀片上的孔对刀片进行夹紧与固定,典型的夹固结构有偏心式夹固结构、杠杆式夹固结构、楔销式夹固结构、上压式夹固结构等。

(2) 车刀的角度选择

硬质合金车刀合理前角和后角的参考值见表 4-20。高速钢车刀的前角一般比表中数值增大 $5°\sim10°$。

表 4-20 硬质合金车刀合理前、后角参考值

工件材料种类	合理前角参考范围/(°)		合理后角参考范围/(°)	
	粗车	精车	粗车	精车
低碳钢	18~20	20~25	8~10	10~12
中碳钢	10~15	13~18	5~7	6~8
合金钢	10~15	13~18	5~7	6~8
淬火钢	−15~−5		8~10	
不锈钢(奥氏体)	15~25	15~25	6~8	6~8
灰铸铁	10~15	5~10	5~7	6~8
铜及铜合金(脆)	10~15	5~10	8~10	8~10
铝及铝合金	30~35	35~40	8~10	8~10
钛合金 $R_m \leq 1.177$ GPa	5~10		14~16	

注:粗加工用的硬质合金车刀,通常都磨有负倒棱及负刃倾角。

硬质合金车刀主偏角、副偏角的选择可参考表 4-21。

表 4-21 硬质合金车刀合理主、副偏角参考值

加工情况		偏角数值/(°)	
		主偏角 κ_r	副偏角 κ_r'
粗车,无中间切入	工艺系统刚度好	45,60,75	5~10
	工艺系统刚度差	60,75,90	10~15
车削细长轴,薄壁件		90,93	6~10
精车,无中间切入	工艺系统刚度好	45	0~5
	工艺系统刚度差	60,75	0~5
车削冷硬铸铁,淬火钢		10~30	4~10
从工件中间切入		45~60	30~45
切断刀、切槽刀		60~90	1~2

刃倾角的选择可参照表 4-22。

表 4-22 刃倾角 λ_s 数值选用表

$\lambda_s/(°)$	0~+5	+5~+10	0~-5	-5~-10	-10~-15	-10~-45	-45~-75
应用范围	精车钢，车细长轴	精车有色金属	粗车钢和灰铸铁	粗车余量不均匀钢	断续车削钢和灰铸铁	带冲击切削淬硬钢	大刃倾角刀具薄切削

3. 夹具

车床通用夹具有三爪自定心卡盘、四爪单动卡盘、顶尖、拨盘、花盘等。

根据工件的定位基准和夹具本身的结构特点，车床夹具可分为以下四类：

1) 以工件外圆表面定位的车床夹具，如各类夹盘和夹头。
2) 以工件内圆表面定位的车床夹具，如各种心轴。
3) 以工件顶尖孔定位的车床夹具，如顶尖、拨盘等。
4) 用于加工非回转体的车床夹具，如各种弯板式、花盘式车床夹具。

4.4.2 铣削加工

1. 机床

常用的铣床的类型有升降台铣床(卧式升降台铣床、万能升降台铣床、立式升降台铣床)、龙门铣床、工具铣床、仿形铣床、数控铣床和数控加工中心等。

铣削的主运动为刀具的旋转运动，工件或刀具的移动为进给运动。可加工各种平面、台阶面、沟槽、成形表面、螺旋面、曲面等。

2. 刀具

铣刀为多刃刀具，可用于平面加工、沟槽加工、成形表面加工和外圆柱面加工。

1) 平面加工，如圆柱平面铣刀、面铣刀等；
2) 沟槽加工，如立铣刀、键槽铣刀、两面刃或三面刃铣刀、锯片铣刀、T 形槽铣刀、角度铣刀等；
3) 成形表面加工，如凸半圆和凹半圆铣刀、成形铣刀、齿轮铣刀等；
4) 外圆柱面加工，如外圆铣刀等。

常用铣刀类型见图 4-5、表 4-23。

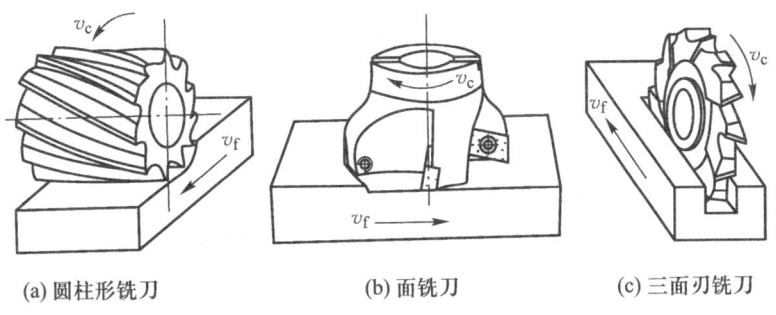

(a) 圆柱形铣刀　　(b) 面铣刀　　(c) 三面刃铣刀

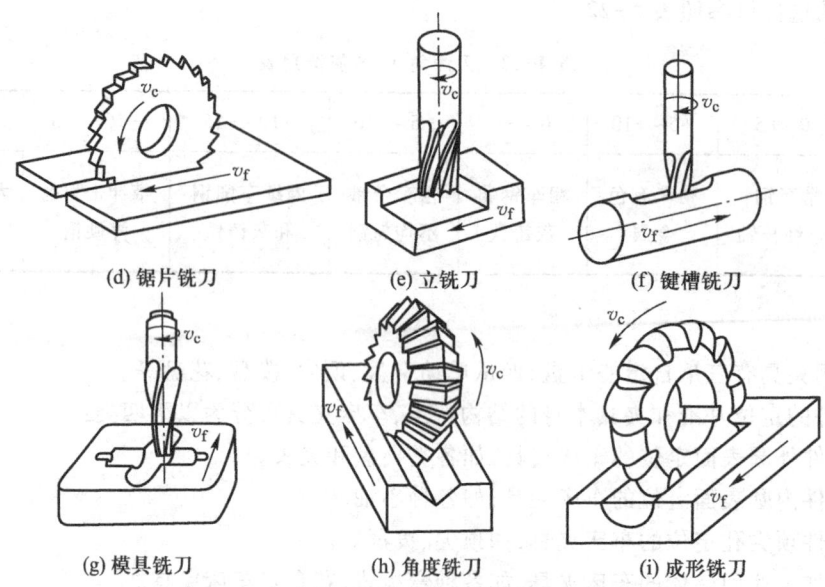

图 4-5 常用铣刀类型

表 4-23 常用的铣刀分类

分类	细分类	名称	标准号	备注
铣刀	立铣刀	莫氏锥柄立铣刀	GB/T 6117.2—2010	立铣刀主要用于加工平面、台阶面、槽和相互垂直的面
		直柄粗加工立铣刀	GB/T 14328—2008	
		整体硬质合金直柄立铣刀	GB/T 16770.1—2008	
		钨钢立铣刀		
		套式立铣刀	GB/T 1114.1—2016	
		直角平面立铣刀		
	圆柱形铣刀	圆柱形铣刀	GB/T 1115—2002	卧式铣床上加工平面
	面铣刀	镶齿套式面铣刀	JB/T 7954—2013	立式铣床上加工平面
		粗切削球形端铣刀		
		圆刃面铣刀		
		套式面铣刀	GB/T 5342.1—2006	
		莫氏锥柄面铣刀	GB/T 5342.2—2006	
	键槽铣刀	键槽铣刀	GB/T 1112.1—2012	铣键槽
		半圆键槽铣刀	GB/T 1127—2007	
	镶齿三面刃铣刀	镶齿三面刃铣刀	JB/T 7953—2010	铣槽和台阶面
		直齿和错齿三面刃铣刀	GB/T 6119—2012	
	锯片铣刀	锯片铣刀	GB/T 6120—2012	铣窄槽、切断材料

圆周铣削有两种铣削方式：① 逆铣（铣刀刀齿切削速度在进给方向上的速度分量与工件进给速度方向相反）；② 顺铣（方向相同）。

端铣刀铣削有 3 种铣削方式：① 对称铣削（端铣刀相对于工件以对称位置铣削平面，切入段与切出段的长度相等）；② 不对称逆铣；③ 不对称顺铣。

3. 夹具

铣床通用夹具有平口钳、分度头及回转工件台、压板等。

铣床专用夹具是针对工件的铣削工序要求设计铣夹具。

4.4.3 钻削加工

1. 机床

常用钻床的类型有立式钻床、台式钻床、摇臂钻床、深孔钻床、中心孔钻床等。

钻床是孔加工的主要机床，主要用来加工外形复杂、没有对称回转轴线的工件上的孔。钻削的主运动和进给运动均由刀具旋转和直线进给来完成。可完成的加工内容包括钻孔、扩孔、铰孔、锪平面、攻螺纹等，如图 4-6 所示。

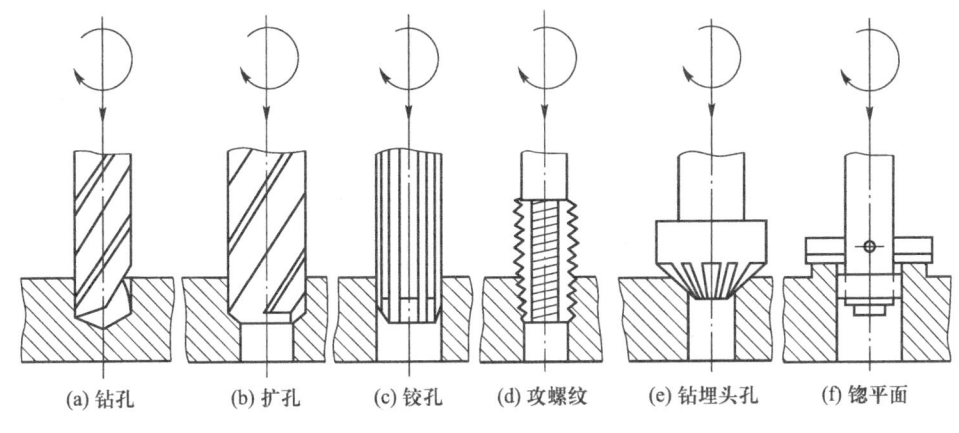

图 4-6 钻床的加工方法

2. 刀具

钻床常用刀具有麻花钻、中心钻、深孔钻、扩孔钻、锪钻、铰刀、丝锥等，常用刀具见表 4-24。

表 4-24 钻床常用的刀具分类

分类	细分类	名称	标准号	备注
钻头	中心钻	中心钻	GB/T 6078—2016	加工中心孔
	麻花钻	直柄麻花钻	GB/T 6135.2—2008	钻孔
		粗直柄小麻花钻	GB/T 6135.1—2008	
		直柄短麻花钻	GB/T 6135.2—2008	
		直柄长麻花钻	GB/T 6135.3—2008	
		直柄超长麻花钻	GB/T 6135.4—2008	

续表

分类	细分类	名称	标准号	备注
钻头	麻花钻	莫氏锥柄麻花钻	GB/T 1438.1—2008	钻孔
		莫氏锥柄长麻花钻	GB/T 1438.2—2008	
		莫氏锥柄超长麻花钻	GB/T 1438.4—2008	
		莫氏锥柄加长麻花钻	GB/T 1438.3—2008	
		硬质合金锥柄麻花钻	GB/T 10947—2006	
		莫氏锥柄阶梯麻花钻	GB/T 6138.2—2007	
	扩孔钻	锥柄扩孔钻	GB/T 4256—2004	扩大已有孔径
		直柄扩孔钻	GB/T 4256—2004	
		套式扩孔钻	GB/T 1142—2004	
	锪钻	锥柄锥面锪钻	GB/T 1143—2004	加工圆柱形沉头孔、锥形沉头孔及工件上凸起的孔、端面
		直柄锥面锪钻	GB/T 4258—2004	
		带整体导柱的直柄平底锪钻	GB/T 4260—2004	
		带可换导柱的莫氏锥柄平底锪钻	GB/T 4261—2004	
		带整体导柱的直柄90°锥面锪钻	GB/T 4263—2004	
		带可换导柱的莫氏锥柄90°锥面锪钻	GB/T 4264—2004	
铰刀	手用铰刀	手用铰刀	GB/T 1131.1—2004	铰孔
	机用铰刀	直柄机用铰刀	GB/T 1132—2017	
		莫氏锥柄机用铰刀	GB/T 1132—2017	
		套式机用铰刀	GB/T 1135—2004	
		硬质合金机用铰刀	GB/T 4251—2008	
锥	丝锥	通用柄机用和手用丝锥	GB/T 3464.1—2007	攻螺纹
		螺旋槽丝锥	GB/T 3506—2008	
		细长柄机用丝锥	GB/T 3464.2—2003	
		螺母丝锥	GB/T 967—2008	

3. 夹具

钻床夹具大都设有引导钻头的钻套,钻套安装在钻模板上,习惯上将钻床夹具称为钻模。钻模根据其结构特点可分为固定式钻模、回转式钻模、翻转式钻模、盖板式钻模和滑柱式钻模等。

4.4.4 磨削加工

1. 机床

常用磨床的主要类型有外圆磨床和万能磨床、无心磨床、内圆磨床、平面磨床、工具磨床、刀具刃磨磨床、各种专用磨床(如曲轴磨床、凸轮轴磨床、花键轴磨床、活塞环磨床、齿轮磨床、导轨磨床、螺纹磨床等)、研磨床、其他磨床(如珩磨机、抛光机、超精加工机床、砂轮机等)。

磨床可用于磨削内、外圆柱面,圆锥面,平面,螺旋面,齿面以及各种成形面等,还可以刃磨刀具。

2. 刀具

磨床刀具主要是砂轮,属固结磨具。固结磨具由磨料、结合剂和气孔组成。按其外形特征可分为砂轮、磨头、磨石和砂瓦。相关标准如下:

GB/T 2476—2016 普通磨料 代号

GB/T 2481.1—1998 固结磨具用磨料 粒度组成的检测和标记 第1部分:粗磨粒 F4~F220

GB/T 2481.2—2009 固结磨具用磨料 粒度组成的检测和标记 第2部分:微粉

GB/T 2484—2006 固结磨具 一般要求

GB/T 4127.1—2007 固结磨具 尺寸 第1部分:外圆磨砂轮(工件装夹在顶尖间)

GB/T 4127.2—2007 固结磨具 尺寸 第2部分:无心外圆磨砂轮

GB/T 4127.3—2007 固结磨具 尺寸 第3部分:内圆磨砂轮

GB/T 4127.4—2008 固结磨具 尺寸 第4部分:平面磨削用周边磨砂轮

GB/T 4127.5—2008 固结磨具 尺寸 第5部分:平面磨削用端面磨砂轮

GB/T 4127.6—2008 固结磨具 尺寸 第6部分:工具磨和工具室用砂轮

GB/T 4127.7—2008 固结磨具 尺寸 第7部分:人工操纵磨削砂轮

几种常用磨料特性及适用范围见表4-25。常用的砂轮粒度及其应用范围见表4-26。

表4-25 几种常用磨料特性及适用范围

系列	磨料名称	代号	特性	适用范围
氧化物系	棕刚玉	A	棕褐色,硬度高,韧性大,价格低廉	磨削和研磨碳钢、合金钢、可锻铸铁、硬青铜
	白刚玉	WA	白色,硬度较棕刚玉高,韧性较棕刚玉低	磨削、研磨、珩磨和超精加工淬火钢、高速钢、高碳钢、非铁金属、齿轮及薄壁零件
	单晶刚玉	SA	浅黄色或白色,颗粒呈球状,硬度和韧度都比白刚玉高	磨削、研磨或珩磨不锈钢和高钒高速钢等高强度、韧度大的材料
	微晶刚玉	MA	颜色与棕刚玉近似,强度高,韧度和自励性能良好	磨削或研磨不锈钢、轴承钢、球墨铸铁,并适于高速磨削
	铬刚玉	PA	玫瑰红或紫红色,硬度和韧度比白刚玉高,磨削表面粗糙度值很小	磨削、研磨或珩磨淬火钢、高速钢、轴承钢等表面粗糙度值要求小的量具,仪表零件或薄壁工件
	锆刚玉	ZA	黑色,强度高,耐磨性好	磨削或研磨耐热合金、耐热钢、钛合金和奥氏体不锈钢

续表

系列	磨料名称	代号	特性	适用范围
氧化物系	黑刚玉	BA	呈黑色,又名人造金刚砂,硬度低但韧性好,自锐性、亲水性能好,价格较低	多用于研磨与抛光,并可用来制作树脂砂轮及砂布、砂纸等
碳化物系	黑碳化硅	C	黑色,有光泽,硬度比刚玉高,性脆而锋利,导电性和导热性好	磨削铸铁、黄铜、铝、耐火材料及非金属材料
碳化物系	绿碳化硅	GC	绿色,硬度和脆性比黑碳化硅好,导电和导热性良好	磨削硬质合金、宝石、陶瓷、玉石、玻璃、非铁金属、石材等
碳化物系	立方碳化硅	SC	淡绿色,强度比黑碳化硅高	磨削或超精加工不锈钢、轴承钢等硬而粘的材料
碳化物系	碳化硼	BC	灰黑色,硬度比黑、绿碳化硅高,耐磨性好	磨削、研磨或抛光硬质合金、拉丝模、宝石、陶瓷和半导体材料
高硬磨料系	人造金刚石	D	无色透明或淡黄色、黄绿色、黑色,硬度高,耐磨性好,比天然金刚石脆	磨硬脆材料、硬质合金、宝石、光学玻璃、半导体、切割石材等
高硬磨料系	立方氮化硼	CBN	黑色或淡白色,立方晶体,硬度仅次于金刚砂,耐热性高,发热量小	磨削各种高温合金,高钼、高钒、高钴钢,不锈钢,镍基合金钢等

表 4-26 常用的砂轮粒度及其应用范围

粒度号数	应用范围
12~16	粗磨、荒磨、打磨毛刺
20~36	磨钢锭、打磨铸件毛坯、切断钢坯、磨陶瓷和耐火材料等
40~60	内圆磨、外圆磨、平面磨、无心磨、工具磨等
60~80	内圆磨、外圆磨、平面磨、无心磨、工具磨等半精磨或精磨
100~240	半精磨、精磨、珩磨、成形磨、工具刃磨等
240~W20	精磨、超精磨、珩磨、螺纹磨等
W20~更细	精磨、精细磨、超精磨、镜面磨等
W14~W10	精磨、精细磨、超精磨、镜面磨等
W7~更细	精磨、超精磨、镜面磨、制作研磨膏(用于研磨和抛光)等

4.4.5 拉削加工

1. 机床

拉床有内(表面)拉床和外(表面)拉床两类,按照主运动方向又分为卧式和立式。

拉床只有主运动,没有进给运动,用于通孔、键槽孔、花键孔、平面、成形表面的加工等。

2. 刀具

拉刀按加工表面的不同,分为内拉刀、外拉刀。内拉刀用于加工工件内表面,常见的有圆孔拉刀、键槽拉刀、花键孔拉刀。常用的外拉刀有平面拉刀、成形表面拉刀等。

4.4.6 齿轮加工

1. 机床

齿轮加工按照形齿原理,可分为展成法和成形法。常用的齿轮加工机床有滚齿机、插齿机、刨齿机、铣齿机、剃齿机、磨齿机等。

圆柱齿轮加工方法主要有滚齿、插齿等。锥齿轮加工方法主要有加工直齿锥齿轮的刨齿、铣齿和加工弧齿锥齿轮的铣齿。常用精加工齿轮的方法有剃齿、磨齿等。

滚齿机可用来加工外啮合的直齿轮、斜齿轮、标准齿轮和变位齿轮。滚齿加工齿轮的范围很大,可加工模数从 0.1~40 mm 的齿轮。用一把滚刀可以加工模数相同的任意齿数的齿轮。

插齿机用来加工内、外啮合的圆柱齿轮,尤其是加工内齿轮和多联齿轮,还可以加工齿条。

铣齿机主要用来加工直齿锥齿轮和弧齿锥齿轮。

2. 刀具

齿轮加工刀具根据不同的加工机床使用其与加工方法相关的名称,如滚齿机上用滚刀(齿轮滚刀、蜗轮滚刀);插齿机上用插齿刀;刨齿机上用刨齿刀;铣齿机上用铣齿刀(成形法加工时用单片铣刀或指状铣刀,展成法加工用铣齿刀盘);剃齿机上用剃齿刀;磨齿机上用砂轮。

4.5 常用量具

检测是将一个工件的现有特征如尺寸、形状或表面材质等与所要求的特性进行比较,以确定所检测对象是否达到图样要求。检测所用装置统称为量具。检测装置可分为检测仪表、量规和辅助装置三类,如图 4-7 所示。非显示整体量具是通过刻度线的间距(量尺)、物体的固定间距(块规)或通过物体的角度位置(角度块规)来进行测量。显示性检测仪表具有活动的标记(游标、指针、数显)、活动的刻度或计数装置,其检测值可以直接读取。量规体现的是被测工件的尺寸或尺寸和形状。

常用量具及规格见表 4-27。

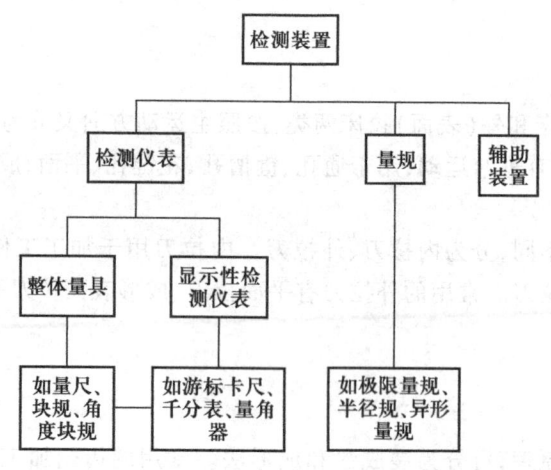

图 4-7 检测装置分类

表 4-27 常用量具及规格　　　　　　　　　　　mm

量具名称	用途	备注		
		公称规格	主参数	
			测量范围	读数值
三用游标卡尺	用于测量工件的内径、外径、长度、高度、深度	125×0.05	0~125	0.05
		125×0.02	0~125	0.02
		150×0.05	0~150	0.05
		150×0.02	8~150	0.02
两用游标卡尺	用于测量工件的内径、外径、长度	200×0.05	0~200	0.05
		200×0.02	0~200	0.02
		300×0.05	0~300	0.05
		300×0.02	0~300	0.02
高度游标卡尺	用于测量工件的高度和进行精密划线	200×0.05	0~200	0.05
		200×0.02	0~200	0.02
		300×0.05	0~300	0.05
		300×0.02	0~300	0.02
		500×0.1	0~500	0.1
		500×0.05	0~500	0.05
		500×0.02	0~500	0.02

续表

量具名称	用途	备注		
深度游标卡尺	用于测量工件的沟槽深度、孔深、台阶高度及其他类似尺寸	200×0.05	0~200	0.05
		200×0.02	0~200	0.02
		300×0.05	0~300	0.05
		300×0.02	0~300	0.02
		500×0.05	0~500	0.05
		500×0.02	0~500	0.02
外径千分尺	用于测量精密零件的外径、厚度或长度	0~25	0~25	0.01
		25~50	25~50	0.01
		50~75	50~75	0.01
		75~100	75~100	0.01
		100~125	100~125	0.01
		125~175	125~175	0.01
杠杆千分尺	用于测量工件的高精度外径、厚度、长度及校对一般量具	0~25×0.002	0~25	0.002
		0~25×0.001	0~25	0.001
		25~50×0.002	25~50	0.002
		25~50×0.001	25~50	0.001
内径千分尺	用于测量精密零件的内径或沟槽的内侧面尺寸	50~175	50~175	0.01
		50~250	50~250	0.01
		50~575	50~575	0.01
		50~600	50~600	0.01
		75~175	75~175	0.01
		75~575	75~575	0.01
三爪内径千分尺	用于测量精度较高的内侧尺寸	11~20		0.005
深度千分尺	用于测量工件的沟槽、孔的深度和台阶高度或类似尺寸	0~100		0.01
		0~150		0.01
管壁厚千分尺	用于测量高精密度管、套类零件的壁厚尺寸	0~25		0.01

续表

量具名称	用途	备注		
板料厚千分尺	用于测量精密板形零件或板料的厚度尺寸	0~25		0.01
百分表	测量工件的几何形状和相互位置的正确性及位移量,并可用比较法测量工件的尺寸	0~3 0~5 0~10		0.01
千分表	采用比较测量法或绝对测量法测量高精度零件的几何形状和相互位置的正确性及位移量	0~1 0~2		0.001 0.005
杠杆百分表 杠杆千分表	用于测量工件的几何形状误差和相互位置的正确性。特别适于测量受空间限制工件的内孔跳动量,键槽、导轨的不直度,相对位置的正确性等	±0.4×0.01	0~0.8	0.01
内径百分表	采用比较法测量工件的内径及其几何形状的正确性和位移量	10~18 18~35 35~50 50~100 100~160 160~250	10~18 18~35 35~50 50~100 100~160 160~250	0.01
宽座角尺 刀口形角尺	用于直角检测,也可检验工件的垂直度			
刀形平尺,三棱平尺	平面度			
四棱尺	平面度,直线度			
各种标准或专用的极限量规(塞规、卡规、螺纹塞规、环规)	孔径,外径,槽宽,内、外螺纹			
框式水平仪				
表面粗糙度比较样块	表面粗糙度			

常用量规及相关标准见表4-28。

表 4-28 常用量规及相关标准

名称	分类	细分	标准
游标量具	游标卡尺	游标、带表、数显	GB/T 21389—2008 游标、带表和数显卡尺
	游标深度卡尺	游标、带表、数显	GB/T 21388—2008 游标、带表和数显深度卡尺
	游标高度卡尺	游标、带表、数显	GB/T 21390—2008 游标、带表和数显高度卡尺
	万能角度尺	游标、带表、数显	GB/T 6315—2008 游标、带表和数显万能角度尺
测微量具	外径千分尺		GB/T 1216—2004 外径千分尺
	两点内径千分尺		GB/T 8177—2004 两点内径千分尺
	深度千分尺		GB/T 1218—2004 深度千分尺
	螺纹千分尺		GB/T 10932—2004 螺纹千分尺
	杠杆千分尺		GB/T 8061—2004 杠杆千分尺
	公法线千分尺		GB/T 1217—2004 公法线千分尺
指示表和比较仪	指示表	十分、百分、千分	GB/T 1219—2008 指示表
	指针式杠杆指示表	杠杆百分表、杠杆千分表	GB/T 8123—2007 指示表
	内径指示表		GB/T 8122—2004 内径指示表
	扭簧比较仪		GB/T 4755—2004 扭簧比较仪
	杠杆齿轮比较仪		GB/T 6320—2008 杠杆齿轮比较仪
量规	光滑极限量规	孔用极限量规	GB/T 10920—2008 螺纹量规和光滑极限量规型式与尺寸
		轴用极限量规	
	普通螺纹量规	塞规、环规	

4.6 切削液

4.6.1 切削液的分类及组成

常用切削液及特点见表 4-29。

表 4-29 常用切削液及特点

类别		组成	特点	备注
I 切削油	矿物油 植物油 复合油	机械油,煤油,豆油,菜油,棉油,蓖麻油,动、植物油与矿物油混合而成	润滑性能好,但冷却性能差	动、植物油目前正在逐渐被硫、氯和硫-氯系等极压切削油代替

续表

类别		组成	特点	备注
Ⅰ 切削油	极压切削油	机械油中加入油性、极压添加剂、防锈剂(如动、植物油,硫、磷有机物和亚硝酸钠等)	良好的极压性	耐高温、高压
Ⅱ 乳化液	防锈乳化液	机械油中加入乳化剂(如油酸钠皂)、防锈剂(如亚硝酸钠),用水稀释成乳化液	冷却性能、润滑性能一般,清洗性较差,但防锈性能好	由矿物油加乳化剂、防锈剂、稳定剂、防霉剂、抗泡剂等配置而成
	普通乳化液		清洗性能良好,适于磨削加工和防锈性要求不高的机械加工	
	极压乳化油	机械油中加入乳化剂和油性、极压添加剂及防锈剂用水稀释成乳化液	良好的极压性	耐高温、高压
Ⅲ 水溶液	防锈冷却水	水中加入少量水溶性防锈剂(如亚硝酸钠、磷酸三钠、水玻璃)	冷却性能好,适用于粗磨等加工	
	透明冷却水	水中加入表面活性剂(如石油磺酸钠、OP)防锈剂和油性极压添加剂	清洗和冷却性能好,适用于精磨	

4.6.2 切削液的选用

切削液的选用参照表 4-30、表 4-31。

表 4-30 切削液的选用

加工方法		工件材料		
		钢	铸铁	铝及铝合金
车、铣、镗孔、扩孔	粗加工	3%~5%乳化液	一般不加	① 3%~5%乳化液 ② 煤油 ③ 煤油与矿物油的混合物
	精加工	① 10%~20%乳化液 ② 10%~15%极压乳化液 ③ 含硫化棉油的切削油	① 煤油; ② 煤油与矿物油的混合物	
钻孔		① 3%~5%乳化液 ② 5%~10%的极压乳化液	① 一般不加 ② 煤油	① 3%~5%乳化液 ② 煤油 ③ 煤油与矿物油的混合物

4.6 切削液

续表

加工方法		工件材料		
		钢	铸铁	铝及铝合金
拉削、攻螺纹、铰孔		① 10%~20%极压乳化液 ② 含氯切削油 ③ 含硫、氯的切削油 ④ 含硫化棉油的切削油 ⑤ 含硫、氯、磷的切削油	① 10%~15%极压乳化液 ② 10%~20%极压乳化液 ③ 煤油 ④ 煤油与矿物油的混合物	① 10%~15%乳化液 ② 10%~15%极压乳化液 ③ 煤油 ④ 煤油与矿物油的混合物
滚、插齿加工		① 20%~25%极压乳化液 ② 含氯切削油 ③ 含硫、氯切削油 ④ 含硫化棉油的切削油 ⑤ 含硫、磷、氯的切削油		
磨削	粗磨	① 2%~5%普通乳化液 ② 2%~3%69-1型乳化液 ③ NL型乳化液		
	精磨	① 2%~3%半透明乳化液 ② 2%~3%透明冷却水		
珩磨		煤油+10%机油		
滚压（挤）		① 极压切削油 ② 硫化油	硫化油	① 轻柴油 ② 煤油

表 4-31 切削液选用参考表

工件材料		碳钢、合金钢		不锈钢		耐热合金		铸铁		铜及其合金		铝及其合金	
刀具材料		高速钢	硬质合金	高速钢	硬质合金	高速钢	硬质合金	高速钢	硬质合金	高速钢	硬质合金	高速钢	硬质合金
加工方法	车削 粗车	3/1/7	0/3/1	7/4/2	0/4/2	2/4/7	8/2/4	0/3/1	0/3/1	3/2	0/3/2	0/3	0/3
	车削 精车	4/7	0/2/7	7/4/2	0/4/2	2/8/4	8/4	0/6	0/6	3/2	0/6	0/6	0/6
	铣削 端铣	4/2/7	0/3	7/4/2	0/4/2	2/4/7	0/8	0/3/1	0/3/1	3/2	0/3	0/3	0/3
	铣削 铣槽	4/2/7	7/4	7/4/2	7/4/2	2/8/4	8/4	0/6	0/6	3/2	0/6	0/6	0/6
	钻削	3/1	3/1	8/4/2	8/4/2	2/8/4	8/4	0/3/1	0/3/1	3/2	0/3	0/3	0/3
	铰削	7/8/4	7/8/4	8/7/4	8/7/4	8/7	8/7	0/6	0/6	5/7	0/5/7	0/5/7	0/5/7
	攻螺纹	7/8/4		8/7/4		8/7		0/6		5/7		0/5/7	
	拉削	7/4/8		8/7/4		8/7		0/3		3/5		0/3/5	

续表

工件材料		碳钢、合金钢		不锈钢		耐热合金		铸铁		铜及其合金		铝及其合金	
刀具材料		高速钢	硬质合金	高速钢	硬质合金	高速钢	硬质合金	高速钢	硬质合金	高速钢	硬质合金	高速钢	硬质合金
加工方法	滚齿、插齿	7/8		8/7/4		8/7		0/3		5/7		0/5/7	
	磨削 粗磨	1/3		4/2		4/2		1/3		1		1	
	磨削 精磨	1/3		4/2		4/2		1/3		1		1	

注：1. 本表中数字代表的含义分别为：0—干切削；1—润滑性能不强的化学合成液；2—润滑性能较好的化学合成液；3—普通乳化液；4—极压乳化液；5—普通切削液；6—煤油；7—含硫、含氯的极压切削液或植物油和矿物油的复合油；8—含硫氯、氯磷或硫氯磷的极压切削油。

2. 磨削时使用砂轮，与表头所列刀具材料无关。

第5章 零件工艺分析及工艺路线确定

本章要点
零件工艺分析,定位基准选择,加工方法选择,工艺路线确定。

5.1 零件工艺分析

在读图阶段,要仔细阅读零件图和产品装配图,了解该零件的功用、装配位置及工作条件,对被加工零件进行结构分析和工艺分析。

5.1.1 零件结构工艺性的基本要求

零件结构工艺性的基本要求见表 5-1。

表 5-1 零件结构工艺性的基本要求

序号	制造工艺性	基本要求
1	铸造工艺性	1) 铸件的壁厚应合理、均匀,不得有突然的变化,铸件的选材要合理。 2) 铸件的圆角要合理,不得有尖角。 3) 铸件的结构要尽量简化,并要有合理的起模斜度,以减少分型面、型芯,便于起模。 4) 加强筋的厚度和分布要合理,以避免冷却时铸件变形或产生裂纹
2	锻造工艺性	1) 结构力求简单对称,材料应具有可锻性。 2) 模锻件应有合理的锻造斜度和圆角半径
3	冲压工艺性	1) 结构力求简单对称,选材应符合工艺要求。 2) 外形和内孔应尽量避免尖角。 3) 圆角半径的大小应利于成形
4	焊接工艺性	1) 焊接所用材料应具有焊接性,焊接件的技术要求要合理。 2) 焊缝的布置应有利于减小焊接应力及变形。 3) 焊接接头的形式、位置和尺寸应能满足焊接质量的要求
5	热处理工艺性	1) 对热处理的技术要求要合理,零件的材料应与所要求的物理、力学性能相适应。 2) 热处理零件应尽量避免尖角、锐边、不通孔。 3) 截面应尽量均匀、对称

续表

序号	制造工艺性	基本要求
6	切削加工工艺性	1) 尺寸公差、几何公差和表面粗糙度的要求应经济、合理。 2) 各加工表面几何形状应尽量简单。 3) 有相互位置要求的表面应尽量在一次装夹中加工。 4) 零件应有合理的工艺基准,并尽量与设计基准一致。 5) 零件的结构应便于装夹、加工和检查。 6) 零件的结构要素应尽可能统一,并使其能尽量使用普通设备和标准刀具进行加工。 7) 零件的结构应尽量便于多件同时加工。
7	装配工艺性	1) 应尽量避免装配时采用复杂工艺装备。 2) 在质量大于 20 kg 的装配单元或其组成部分的结构中,应具有吊装的结构要素。 3) 在装配时应避免有关组成部分的中间拆卸和再装配。 4) 各组成部分的连接方法应尽量保证能用最少的工具快速装拆。 5) 各种连接结构形式应便于装配工作的机械化和自动化。

5.1.2 零件结构切削加工工艺性分析

零件的结构切削加工工艺性是指在满足使用要求的前提下,制造该零件的可行性与经济性。零件结构工艺性好,是指在一定的工艺条件下,该零件既能方便地被制造,同时制造成本又较低。零件结构切削加工工艺性分析主要侧重以下几个方面:

1) 工件便于在机床或夹具上装夹;
2) 减少装夹次数;
3) 减少刀具调整与走刀次数;
4) 采用标准刀具,减少刀具种类;
5) 减小切削加工难度;
6) 减少加工量;
7) 加工时便于进刀、退刀和测量;
8) 保证零件在加工时的刚度;
9) 有利于改善刀具切削条件,提高刀具寿命。

表 5-2 为零件结构切削加工工艺性分析示例。

表 5-2 零件结构切削加工工艺性分析示例

序号	零件结构		
	工艺性不好		工艺性好
1	车螺纹时,螺纹根部不易清根,且工人操作紧张,易打刀		留有退刀槽,可使螺纹清根,工人操作相对容易,可避免打刀

续表

序号	零件结构		
	工艺性不好		工艺性好
2	插键槽时,底部无退刀空间,易打刀		留出退刀空间,可避免打刀
3	插齿无退刀空间,小齿轮无法加工		留出退刀空间,小齿轮可以插齿加工
4	两端轴颈需磨削加工,因砂轮圆角不能清根		留有退刀槽,磨削时可以清根
5	锥面磨削加工时易碰伤圆柱面,且不能清根		留出砂轮越程空间,可方便地对锥面进行磨削加工
6	孔距箱壁太近:①需加长钻头才能加工;②钻头在圆角处容易引偏		a) 加长箱耳,不需加长钻头即可加工;b) 结构上允许,将箱耳设计在某一端,不需加长箱耳
7	斜面钻孔,钻头易引偏		只要结构允许,留出平台,钻头不易偏斜
8	孔壁出口处有台阶面,钻孔时钻头易引偏,易折断		只要结构允许,内壁出口处做成平面,钻孔位置容易保证

续表

序号	零件结构		
	工艺性不好		工艺性好
9	钻孔过深,加工量大,钻头损耗大,且钻头易偏斜		钻孔一端留空刀,减小钻孔工作量
10	加工面高度不同,需两次调整加工,影响加工效率		加工面在同一高度,一次调整可完成两个平面加工
11	三个空刀槽宽度不一致,需使用三把不同尺寸的刀具进行加工		空刀槽宽度尺寸相同,使用一把刀具即可加工
12	键槽方向不一致,需两次装夹才能完成加工		键槽方向一致,一次装夹即可完成加工
13	加工面大,加工时间长,平面度要求不易保证		加工面减小,加工时间短,平面度要求容易保证
14	键槽底与左孔母线齐平,插键槽时,插到左孔表面		左孔尺寸稍加大,可避免划伤左孔
15	加工面设计在箱体内,加工时调整刀具不方便,观察也困难		加工面设计在箱体外部,加工方便

续表

序号	零件结构		
	工艺性不好		工艺性好
16	同一端面上的螺纹孔尺寸相近，需换刀加工，加工不方便，装配也不方便		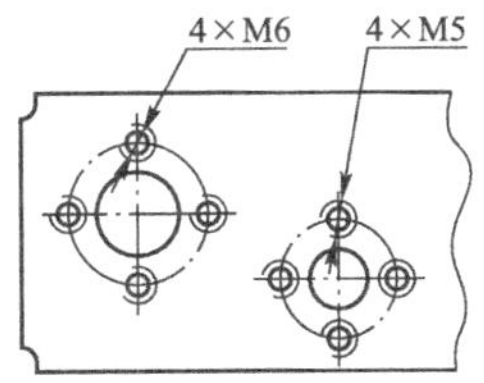 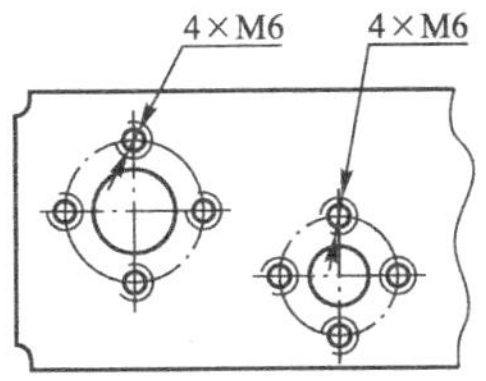 尺寸相近的螺纹孔，改为同一尺寸螺纹孔，可方便加工和装配
17	外圆和内孔有同轴度要求，由于外圆需在两次装夹下加工，同轴度不易保证		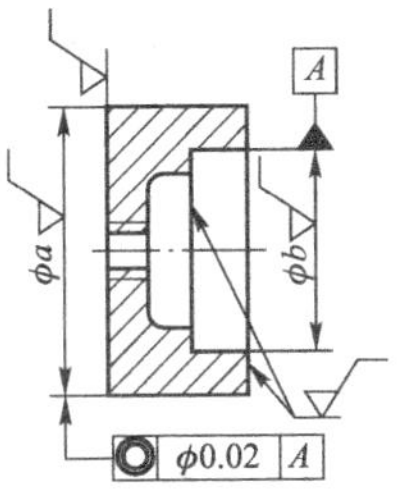 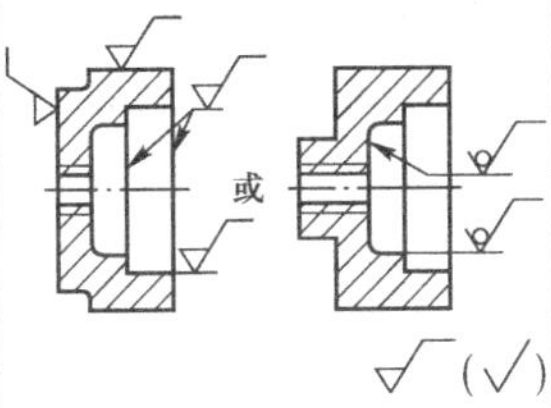 可在一次装夹下加工外圆和内孔，同轴度要求易得到保证
18	① 内形和外形圆角半径不同，需换刀加工。② 内形圆角半径太小，刀具刚度差		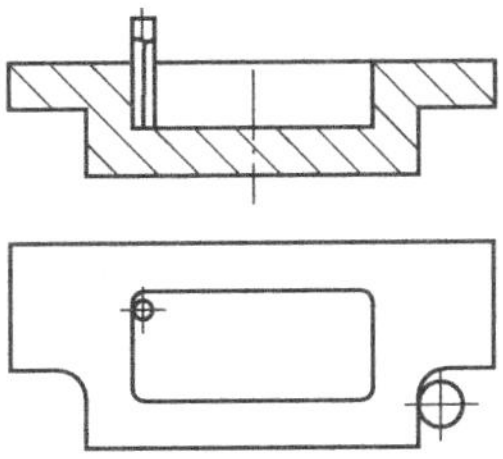 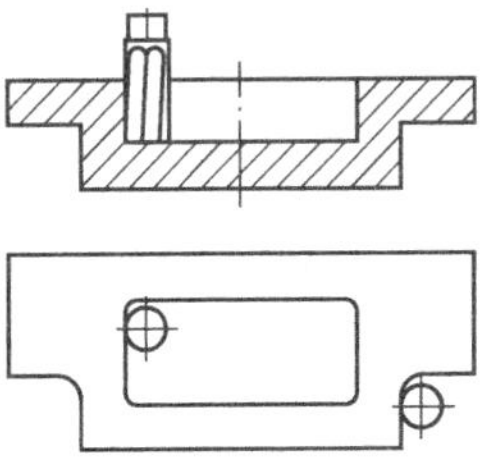 ① 内形和外形圆角半径相同，减少换刀次数，提高生产率。② 增大圆角半径，可以用较大直径立铣刀加工，增大刀具刚度

5.1.3 零件切削加工工艺分析要点

分析零件图样和零件的技术要求，分析零件设计基准；形状精度和位置精度要求；重要加工型面；列表写出该零件所有需要加工型面的加工精度和表面粗糙度。零件工艺分析的主要内容、目的及应用见表5-3。

表5-3 零件工艺分析的主要内容、目的及应用

序号	内容	目的	应用
1	零件设计基准	定位基准选择	按照基准重合原则选择精基准
2	重要加工型面	定位基准选择	按照余量均匀分配原则选择粗基准
3	位置精度要求	定位基准选择，零件的装夹	按照互为基准原则选择精基准，按照保证相互位置原则选择粗基准
4	所有需要加工型面的加工精度和表面粗糙度	确定每个形面的加工方法	例如外圆柱面，加工精度IT7、表面粗糙度 $Ra0.8\ \mu m$，加工方法选：粗车—半精车—精车

5.2 定位基准确定

5.2.1 定位基准的选择

定位基准是在加工中使工件在夹具上占有正确位置所采用的基准。定位基准的选择不仅影响零件的加工精度,而且影响加工顺序的确定。拟订加工路线的第一步是选择定位基准。应根据零件图的技术要求,从保证零件精度要求出发,周密考虑定位方案与加工顺序的关系,合理选择定位基准。在选择定位基准时,通常按如下次序考虑:

1) 选择精基准　遵循精基准选择原则,选择零件上的哪一组(个)表面作为精基准,才能经济合理地保证零件的加工精度要求？是否需要第二组(个)表面作为精基准？

2) 选择粗基准　为了加工出上述精基准面,遵循粗基准选择原则,应选择哪一组(个)毛坯面作为粗基准？

3) 若工件上没有能作为定位基面的恰当表面,就有必要在工件上专门加工出定位基面,如轴类零件加工用的中心孔、有些箱体类零件加工用的两个销孔、活塞加工用的止口等典型的定位基面。

定位基准选择主要原则见表 5-4,以下为详细说明。

表 5-4　定位基准选择主要原则

序号	定位基准	遵循原则	说明
1	精基准	基准重合	设计基准作为定位精基准
		基准统一	选择统一的定位基准加工各表面,保证各表面间的位置精度
		互为基准	通过互为基准、反复加工的方法来保证其相互位置精度
		自为基准	已精加工过的表面自身作为定位基准
2	粗基准	保证相互位置要求	加工面与不加工面有相互位置要求,以不加工面作为粗基准
		余量均匀分配	为保证重要表面加工余量均匀,以自身毛面为粗基准
		便于工件装夹	粗基准面尽可能平整、光洁,且有足够大的尺寸
		在一个定位方向上只允许使用一次	避免重复使用同一粗基准

1. 精基准的选择

选择精基准时,应重点考虑如何减少工件的定位误差,保证加工精度,并使夹具结构简单,工件装夹方便。具体选择原则如下。

1)"基准重合"原则

应尽量选择加工表面的设计基准作为定位精基准,以避免由于基准不重合而产生的定位误差。

2)"基准统一"原则

应尽可能选择统一的定位基准加工各表面,以保证各表面间的位置精度。典型的应用如:轴类零件常使用两顶尖孔作统一精基准、箱体类零件常使用一面两孔(一个较大的平面和两个距离较远的销孔)作统一精基准、盘套类零件常使用止口面(一端面和一短圆孔)作统一精基准等。

3)"互为基准"的原则

对某些位置精度要求高的表面,可以采用互为基准、反复加工的方法来保证其位置精度。典型的应用如:当车床主轴支承轴颈与主轴锥孔的同轴度要求很高时,常采用支承轴颈与主轴锥孔互为基准、反复加工的方法来达到。又如精加工精密圆柱齿轮时,以齿轮节圆面和齿轮内孔圆柱面互为基准。

4)"自为基准"的原则

对一些精度要求很高的表面,在精加工时,为了保证加工精度,要求加工余量小而且均匀,这时可以已精加工过的表面自身作为定位基准。典型的应用如磨削车床床身导轨面时,使用百分表找正床身的导轨面。

2. 粗基准的选择

选择粗基准时,考虑的重点是如何保证各加工表面有足够的余量,使不加工表面与加工表面间的尺寸、位置符合图样要求。具体选择原则如下:

1)保证相互位置要求原则

如果必须保证工件上加工面与不加工面的相互位置要求,则应以不加工面作为粗基准。如果工件上有多个不加工面,应以其中与加工面的位置精度要求较高的表面为粗基准。若零件上每个表面都需要加工,则以加工余量最小的表面为粗基准。典型应用如回转类零件,若不加工面和加工面有同轴度要求,则应以不加工面为粗基准。

2)余量均匀分配原则

如果首先要求保证工件某重要表面加工余量均匀,则应选择该表面的毛坯面作为粗基准。典型应用如:车床床身加工中,导轨面是床身的重要加工表面,不但精度要求高,而且要求材料的组织致密,金相组织均匀。以导轨面为粗基准加工底面,再以底面为基准加工导轨面,即可保证其余量均匀。

3)便于工件装夹原则

选择粗基准应使定位准确,夹紧可靠,夹具结构简单,操作方便。要求选用的粗基准面尽可能平整、光洁,且有足够大的尺寸,不允许有锻造飞边、铸造浇、冒口或其他缺陷,也不宜选用铸造分型面作粗基准。

4)粗基准在一个定位方向上只允许使用一次原则

粗基准本身是毛坯表面,精度和表面粗糙度均较差,若工件两次安装中,重复使用同一粗基准,会造成相当大的定位误差,应予以避免。

5.2.2 定位基准选择示例

图5-1所示为某数控车削加工中心的主轴箱箱体零件,材料为HT200。

对图5-1进行工艺分析以确定定位基准,其内容见表5-5。

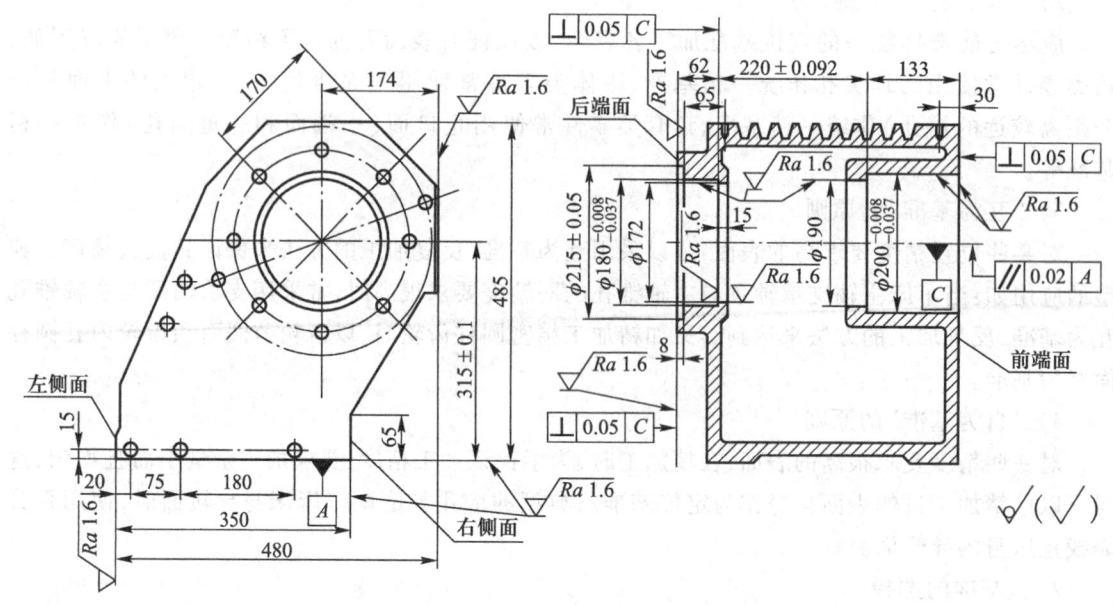

图 5-1 某数控车削加工中心的主轴箱箱体零件图

表 5-5 主轴箱箱体零件工艺分析

序号	工艺分析	对应零件形面	定位基准选择
1	零件设计基准	主轴孔轴线,底面,左侧面,前端面,后端面	遵循"基准重合"原则,箱体底面、左侧面是零件的主要设计基准,选用其作为精基准。遵循"基准统一"原则,采用底面、左侧面、前端面作为精基准,统一定为基准
2	重要加工型面	主轴孔	遵循"余量均匀分配原则"原则,主轴孔是箱体的重要工作表面,要求加工余量尽可能均匀,以主轴孔的毛孔作为粗基准
3	位置精度要求	主轴孔轴线对底面有平行度要求;主轴支承孔的前、后端面对孔中心线有垂直度要求	孔与底面可以考虑互为基准;以孔为精基准,加工前、后端面,保证垂直度要求

5.3 零件表面加工方法选择

零件表面加工方法选择的原则:根据零件的加工型面(外圆、孔、平面、复杂曲面等)、零件的材料、零件加工表面的加工精度和表面粗糙度要求,以及生产类型、生产率的要求,考虑工厂或车间的现有工艺条件(工艺装备及人员)等因素,选择加工方法。

表 5-6、表 5-7、表 5-8 为典型表面的各种加工方法所能达到的经济精度和表面粗糙度,可供选择时参考。

表 5-6　外圆加工中各种加工方法的加工经济精度及表面粗糙度

加工方法	加工情况	加工经济精度(IT)	表面粗糙度 $Ra/\mu m$
车	粗车	12~13	10~80
	半精车	10~11	2.5~10
	精车	7~8	1.25~5
	金刚石车(镜面车)	5~6	0.02~1.25
铣	粗铣	12~13	10~80
	半精铣	11~12	2.5~10
	精铣	8~9	1.25~5
车槽	一次行程	11~12	10~20
	二次行程	10~11	2.5~10
外磨	粗磨	8~9	1.25~10
	半精磨	7~8	0.63~2.5
	精磨	6~7	0.16~1.25
	精密磨(精修整砂轮)	5~6	0.08~0.32
	镜面磨	5	0.008~0.08
抛光			0.008~1.25
研磨	粗研	5~6	0.16~0.63
	精研	5	0.04~0.32
	精密研	5	0.008~0.08
超精加工	精	5	0.08~0.32
	精密	5	0.01~0.16
砂带磨	精磨	5~6	0.02~0.16
	精密磨	5	0.01~0.04
滚压		6~7	0.16~1.25

注:加工有色金属时,表面粗糙度 Ra 取小值。

表 5-7　孔加工中各种加工方法的加工经济精度及表面粗糙度

加工方法	加工情况	加工经济精度(IT)	表面粗糙度 $Ra/\mu m$
钻	$\phi 15$ mm 以下	11~13	5~80
	$\phi 15$ mm 以上	10~12	20~80
扩	粗扩	11~13	5~20
	精扩	9~11	1.25~10

续表

加工方法	加工情况	加工经济精度(IT)	表面粗糙度 $Ra/\mu m$
铰	半精铰	8~9	1.25~10
	精铰	6~7	0.32~5
	手铰	5	0.08~1.25
拉	粗拉	9~11	0.32~5
	精拉	7~9	0.16~0.63
推	半精推	6~8	0.32~1.25
	精推	6	0.08~0.32
镗	粗镗	12~13	5~20
	半精镗	10~11	2.5~10
	精镗(浮动镗)	7~9	0.63~5
	金刚镗	5~7	0.16~1.25
内磨	粗磨	9~11	1.25~10
	半精磨	9~10	0.32~1.25
	精磨	7~8	0.08~0.63
	精密磨(精修整砂轮)	6~7	0.04~0.16
珩磨	粗珩	5~6	0.16~1.25
	精珩	5	0.04~0.32
研磨	粗研	5~6	0.16~0.63
	精研	5	0.04~0.32
	精密研	5	0.008~0.08
挤	滚珠、滚柱扩孔器,挤压头	6~8	0.01~1.25

注:加工有色金属时,表面粗糙度 Ra 取小值。

表 5-8 平面加工中各种加工方法的加工经济精度及表面粗糙度

加工方法	加工情况	加工经济精度(IT)	表面粗糙度 $Ra/\mu m$
周铣	粗铣	11~13	5~20
	半精铣	8~11	2.5~10
	精铣	6~8	0.63~5
端铣	粗铣	11~13	5~20
	半精铣	8~11	2.5~10
	精铣	6~8	0.63~5

续表

加工方法	加工情况	加工经济精度(IT)	表面粗糙度 $Ra/\mu m$
车	半精车	8~11	2.5~10
	精车	6~8	1.25~5
	细车(金刚石车)	6	0.02~1.25
刨	粗刨	11~13	5~20
	半精刨	8~11	2.5~10
	精刨	6~8	0.63~5
	宽刀精刨	6	0.16~1.25
插			2.5~20
拉	粗拉(铸造或冲压表面)	10~11	5~20
	精拉	6~9	0.32~2.5
平磨	粗磨	8~10	1.25~10
	半精磨	8~9	0.63~2.5
	精磨	6~8	0.16~1.25
	精密磨	6	0.04~0.32
研磨	粗研	6	0.16~0.63
	精研	5	0.04~0.32
	精密研	5	0.008~0.08
砂带磨	精磨	5~6	0.04~0.32
	精密磨	5	0.01~0.04
刮	25 mm×25 mm 内点数	8~13	0.32~1.25
		13~20	0.08~0.32
		20~25	0.04~0.08
滚压		7~10	0.16~2.5

注:加工有色金属时,表面粗糙度 Ra 取小值。

表 5-9、表 5-10、表 5-11 为典型表面加工方案的适用范围及所能达到的经济精度和表面粗糙度。

表 5-9 外圆表面加工方案的适用范围及所能达到的经济精度和表面粗糙度

适用加工范围	经济精度	表面粗糙度 $Ra/\mu m$	加工方案
适用于淬火钢以外的各种金属	IT11~IT13	25~6.3	粗车
	IT8~IT10	6.3~3.2	粗车—半精车
	IT6~IT9	1.6~0.8	粗车—半精车—精车
	IT6~IT8	0.2~0.025	粗车—半精车—精车—液压(或抛光)

续表

适用加工范围	经济精度	表面粗糙度 Ra/μm	加工方案
主要用于淬火钢，也可用于未淬火钢，但不宜加工有色金属	IT6~IT8	0.8~0.4	粗车—半精车—磨削
	IT5~IT7	0.4~0.1	粗车—半精车—粗磨—精磨
	IT5~IT6	0.1~0.012	粗车—半精车—粗磨—精磨—超精加工
	IT5	0.025~Rz0.05	粗车—半精车—粗磨—精磨—超精加工或镜面磨
	IT5	0.1~Rz0.05	粗车—半精车—粗磨—精磨—研磨
主要用于加工要求较高的有色金属	IT5~IT6	0.2~0.025	粗车—半精车—精车—金刚石车

表 5-10 孔加工方案的适用范围及所能达到的经济精度和表面粗糙度

适用加工范围	经济精度	表面粗糙度 Ra/μm	加工方案
加工未淬火钢及铸铁的实心毛坯，也可用于加工孔径小于15~20 mm的有色金属	IT11~IT12	12.5	钻
	IT8~IT10	3.2~1.6	钻—铰
	IT7~IT8	1.6~0.8	钻—粗铰—精铰
加工未淬火钢及铸铁的实心毛坯，也可用于加工孔径大于15~20 mm的有色金属	IT10~IT11	12.5~6.3	钻—扩
	IT8~IT9	3.2~1.6	钻—扩—铰
	IT7~IT8	1.6~0.8	钻—扩—粗铰—精铰
	IT6~IT7	0.4~0.1	钻—扩—机铰—手铰
大批、大量生产中、小零件的通孔	IT7~IT9	1.6~0.1	钻—扩—拉
除淬火钢外各种材料，毛坯有铸出孔或锻出孔	IT11~IT12	12.5~6.3	粗镗（或扩孔）
	IT8~IT9	3.2~1.6	粗镗（粗扩）—半精镗（精扩）
	IT9~IT10	3.2~1.6	扩（镗）—铰
	IT7~IT9	1.6~0.1	镗—拉
	IT7~IT8	1.6~0.8	粗镗（扩）—半精镗（精扩）—精镗（铰）
	IT6~IT7	0.8~0.4	粗镗（扩）—半精镗（精扩）—精镗—浮动镗刀精镗
主要用于淬火钢，也可用于未淬火钢，不宜用于有色金属	IT7~IT8	0.8~0.2	粗镗（扩）—半精镗—磨孔
	IT6~IT7	0.2~0.1	粗镗（扩）—半精镗—粗磨—精磨

续表

适用加工范围	经济精度	表面粗糙度 $Ra/\mu m$	加工方案
主要用于精度要求高的有色金属加工	IT6~IT7	0.4~0.05	粗镗—半精镗—精镗—金刚镗
黑色金属	IT6~IT7	0.2~0.025	钻—(扩)—粗铰—精铰—珩磨 钻—(扩)—拉—珩磨 粗镗—半精镗—精镗—珩磨
	IT6级以上	<0.1	研磨代替上述方案中的珩磨

表 5-11 平面加工方案的适用范围及所能达到的经济精度和表面粗糙度

适用加工范围	经济精度	表面粗糙度 $Ra/\mu m$	加工方案
未淬硬钢、铸铁、有色金属工件端面加工	IT10~IT11	12.5~6.3	粗车
	IT8~IT9	6.3~3.2	粗车—半精车
	IT6~IT7	1.6~0.8	粗车—半精车—精车
钢、铸铁端面加工	IT7~IT9	0.8~0.2	粗车—半精车—磨削
未淬硬钢、铸铁、有色金属工件。批量较大时宜采用宽刃精刨方案	IT12~IT14	12.5~6.3	粗铣(粗刨)
	IT11~IT12	6.3~1.6	粗铣(粗刨)—半精铣(半精刨)
	IT7~IT9	6.3~1.6	粗铣(粗刨)—精铣(精刨)
	IT7~IT8	3.2~1.6	粗铣(粗刨)—半精铣(半精刨)—精铣(精刨)
	IT5~IT6	0.8~0.1	粗铣(粗刨)—精铣(精刨)—刮研 粗铣(粗刨)—半精铣(半精刨)—精铣(精刨)—刮研
	IT6~IT7	0.8~0.2	粗铣(粗刨)—精铣(精刨)—宽刃精刨
	IT5	0.8~0.2	粗铣(粗刨)—半精铣(半精刨)—精铣(精刨)—宽刃刀低速精刨
淬硬或未淬硬黑色金属工件	IT6~IT7	0.8~0.2	粗铣(粗刨)—精铣(精刨)—磨削
	IT5~IT6	0.4~0.2	粗铣(粗刨)—半精铣(半精刨)—精铣(精刨)—磨削
	IT6~IT7	0.4~0.02	粗铣(粗刨)—精铣(精刨)—粗磨—精磨
大量生产未淬硬较小平面	IT6~IT9	0.8~0.2	粗铣—拉
淬硬或未淬硬黑色金属工件	IT6 以上	0.1~Rz0.05	粗铣—精铣—磨削—研磨

5.4 加工阶段划分与加工顺序安排

5.4.1 加工阶段划分

为保证零件的加工质量,通常把零件的加工过程分成粗加工,半精加工,精加工和精密、超精密加工等几个阶段,见表 5-12。一般精度的零件可划分为粗加工和精加工两个阶段,高精度零件可分为粗加工、半精加工和精加工三个阶段,更高精度的零件可安排粗加工、半精加工、精加工和精密加工四个阶段或更多的加工阶段。

表 5-12 各加工阶段的主要任务

序号	加工阶段	主要任务	关键问题
1	粗加工阶段	去除各加工表面的余量,作出精基准	提高生产效率
2	半精加工阶段	减少粗加工阶段留下的误差,使加工面达到一定的精度,并完成一些精度要求不高的表面的加工	为精加工做准备
3	精加工阶段	主要是保证零件的尺寸、形状、位置精度及表面粗糙度,大多数表面至此加工完毕	保证精度要求,为少数表面超精加工做准备
4	精密、超精密加工阶段	采用一些高精度的加工方法,如精密磨削、珩磨、研磨、金刚石车削等,进一步提高表面的尺寸、形状精度,减小表面粗糙度值	最终达到图样的精度要求

5.4.2 加工顺序安排

加工工序安排包括机械加工工序安排、热处理及表面处理工序安排、其他辅助工序安排,主要内容说明见表 5-13。

表 5-13 加工顺序安排的主要内容

工序类别	工序	安排原则	主要内容说明
机械加工工序		先加工基准面,再加工其他面	1)工艺路线开始先把精基准面加工出来;2)为提高定位精度,精加工阶段开始先要精修一下精基准
		先加工平面,后加工孔	1)先加工面,再以面定位加工孔;2)先加工面,再加工在这个面上的孔
		先加工主要表面,后加工次要表面	1)先加工主要表面,再以主要表面定位加工次要表面(键槽、螺孔等);2)先安排主要表面加工,再安排次要表面加工(次要表面加工可见缝插针,穿插在适当的位置进行)
		先粗加工,后精加工	精度要求高的零件要分加工阶段

续表

工序类别	工序	安排原则	主要内容说明
热处理工序	退火,正火,调质	改善工件材料切削性能的热处理工序,安排在切削加工前	属于毛坯预备性热处理
	人工时效、热时效,退火,正火	消除内应力的热处理工序,一般安排在粗加工之后,有时安排在切削加工前	对于尺寸大、结构复杂铸件,在粗加工前、后各安排一次时效。对精度要求高的铸件,在半精加工前、后各安排一次时效
	淬火,淬火—回火,渗碳淬火	改善工件材料的力学物理性质,安排在半精加工之后、精加工之前,对变形小的热处理工序(如高频感应加热淬火、渗氮)有时允许安排在精加工之后	淬火后工件硬度提高且易变形,一般安排在磨削之前
	镀锌,镀铬,阳极氧化,发蓝处理	提高工件表面的耐磨性和耐蚀性,一般放在最后	
辅助工序	检验,特种检验	在各加工阶段之间要安排中检;重要工序的前后安排检验;零件全部加工结束后安排终检	检查、检验工序、清洗、去毛刺、平衡等

第6章 工序设计

> **本章要点**
> 工序设计包括工序基准的选择、加工余量的确定、工序尺寸的确定、机床的选择、工艺装备的选择、切削用量的选择、时间定额的确定。

6.1 工序基准选择

工序基准是在工序图上以标定被加工表面位置尺寸和位置精度的基准。选择工序基准应考虑:
1) 尽可能用设计基准作为工序基准。当采用设计基准为工序基准有困难时,可另选工序基准,但必须可靠地保证零件的设计尺寸和技术要求。
2) 所选工序基准应尽可能用于工件的定位和工序尺寸的检查。

6.2 加工余量确定

6.2.1 工序间的加工余量

1. 加工余量对加工质量的影响

加工余量的大小对零件加工质量和生产率均有较大的影响。加工余量过大,不仅增加机械加工量、降低生产效率,而且浪费原材料和能源,增加刀具等工具消耗,使加工成本升高。余量过小则不能保证消除前工序的各种误差和表面的缺陷层。因此,要合理确定加工余量的大小。

2. 加工总余量和工序余量

加工总余量即毛坯余量,是指毛坯尺寸与零件设计尺寸之差,也就是某加工表面上切除的材料层总厚度。工序(工步)余量是指相邻两工序(工步)的尺寸之差,也就是某道工序(工步)所切除的材料层厚度。某个需要加工的零件表面加工总余量为该表面各加工工序的工序余量之和。

6.2.2 查表法确定机械加工余量

总余量和半精加工、精加工的工序余量可参考有关标准或工艺手册查得,再结合生产实际情况加以修正。粗加工工序余量一般应由总余量减去后续各半精加工和精加工的工序余量之和而求得。各种铸、锻件的总余量已由有关国家标准给出,并由热加工工艺人员在毛坯图上标定。对于圆棒料毛坯,在选用标准直径的同时,总余量也就确定。

1. 棒材、板材下料尺寸余量

棒材外径和端面加工余量见表6-1。板材厚度和端面加工余量见表6-2。

6.2 加工余量确定

表 6-1 棒材外径和端面加工余量　　　　mm

零件长度	≤200				200~500				500~1 000			
表面粗糙度 $Ra/\mu m$	6.3~25	1.6~6.3	6.3~25	1.6~6.3	6.3~25	1.6~6.3	6.3~25	1.6~6.3	6.3~25	1.6~6.3	6.3~25	1.6~6.3
零件外径	外径（材料）		单端面加工余量		外径（材料）		单端面加工余量		外径（材料）		单端面加工余量	
8	13	13	1.0	1.0								
10	13	16	1.0	1.0	13	16						
12	16	16	1.0	1.0	16	19						
14	16	19	1.0	1.0	19	19						
16	19	22	1.0	1.0	19	22			22	25		
18	22	22	1.0	1.0	22	25			25	25		
20	22	25	1.0	1.0	25	25			25	28		
22	25	28	1.0	1.0	25	28			28	32		
24	28	28	1.0	1.0	28	32			32	32		
26	28	32	1.0	1.0	32	32	1.5		32	36	1.5	1.5
28	32	32	1.0	1.0	32	36	1.5		36	36	1.5	1.5
30	32	36	1.0	1.0	36	36	1.5		36	38	1.5	1.5
32	36	36	1.0	1.0	36	38	1.5		38	42	1.5	1.5
34	36	38	1.0	1.0	40	42	1.5		42	42	1.5	1.5
36	40	42	1.0	1.0	42	42	1.5		42	44	1.5	1.5
38	42	42	1.0	1.0	42	44	1.5		44	46	1.5	1.5
40	42	44	1.5	1.5	44	46	1.5		46	48	1.5	1.5
42	44	46	1.5	1.5	46	48	1.5		48	50	1.5	1.5
44	46	48	1.5	1.5	48	50	1.5		50	55	1.5	1.5
46	48	50	1.5	1.5	50	55	1.5		55	55	1.5	1.5
48	50	55	1.5	1.5	55	55	1.5		55	55	1.5	1.5
50	55	55	1.5	1.5	55	55	1.5	1.5	55	60	1.5	1.5
52	55	60	1.5	1.5	55	60	1.5	1.5	60	60	1.5	1.5
54	60	60	1.5	1.5	60	60	1.5	1.5	60	65	1.5	1.5
56	60	60	1.5	1.5	60	65	1.5	1.5	65	65	1.5	1.5
58	65	65	1.5	1.5	65	65	1.5	1.5	65	65	1.5	1.5
60	65	65	1.5	1.5	65	65	1.5	1.5	65	70	1.5	1.5
62	65	70	1.5	1.5	65	70	1.5	1.5	70	70	2.0	2.5
64	70	70	1.5	1.5	70	70	1.5	1.5	70	75	2.0	2.5
66	70	70	1.5	1.5	70	75	1.5	1.5	75	75	2.0	2.5
68	75	75	1.5	1.5	75	75	1.5	1.5	75	75	2.0	2.5
70	75	75	1.5	1.5	75	75	2.0	2.0	75	80	2.0	2.5
72	75	80	2.0	2.0	75	80	2.0	2.0	80	80	2.0	2.5
74	80	80	2.0	2.0	80	80	2.0	2.0	80	85	2.0	2.5
76	80	80	2.0	2.0	80	85	2.0	2.0	85	85	2.0	2.5
78	85	85	2.0	2.0	85	85	2.0	2.0	85	85	2.0	2.5
80	85	85	2.0	2.0	85	85	2.0	2.0	85	90	2.0	2.5
82	85	90	2.0	2.0	85	90	2.0	2.0	90	90	2.0	2.5
84	90	90	2.0	2.0	90	90	2.0	2.0	90	95	2.0	2.5
86	90	90	2.0	2.0	90	95	2.0	2.0	95	95	2.0	2.5
88	95	95	2.0	2.0	95	95	2.0	2.0	95	95	2.0	2.5
90	95	95	2.0	2.0	95	95	2.0	2.0	95	100	2.0	2.5

表 6-2 板材厚度和端面加工余量 mm

最大尺寸	≤400				400~1500				>1500			
表面粗糙度 Ra/μm	6.3~25			1.6~6.3	6.3~25		6.3~25	1.6~6.3	6.3~25		6.3~25	1.6~6.3
零件板厚	板材厚度（材料）单侧切削	板材厚度（材料）两侧切削	端面加工余量（单侧）	端面加工余量（单侧）	板材厚度（材料）单侧切削	板材厚度（材料）两侧切削	端面加工余量（单侧）	端面加工余量（单侧）	板材厚度（材料）单侧切削	板材厚度（材料）两侧切削	端面加工余量（单侧）	端面加工余量（单侧）
8	12	12	2.0	3.0	12	14	3.0	4.0	12	14	4.0	5.0
10	12	14			14	16			14	16		
12	14	16			16	19			16	19		
14	16	19			19	19			19	22		
16	19	22			19	22			19	22		
18	22	22			22	25			22	25		
20	22	25			25	25			25	28		
22	25	28			25	28			28	32		
24	28	28			28	32			28	32		
26	28	32			32	32			32	32		
28	32	32			32	36			32	36		
30	32	36			36	36			36	38		
32	36	36			36	40			36	40		
34	38	40			40	40			40	40		
36	38	40			40	45			40	45		
38	38	45			40	45	4.0	5.0	40	45	5.0	6.0
40	45	45			45	45			45	45		
42	45	50			45	50			45	50		
44	50	50			50	50			50	50		
46	50	55			50	55			50	55		
48	50	55			55	55			55	55		
50	55	55			55	55			55	55		
52	55	60			55	60			55	60		
54	60	60			60	60			60	60		
56	60	65			60	65			60	65		
58	60	65			65	65			65	65		
60	65	65			65	65			65	65		

2. 外圆表面加工余量

粗车及半精车外圆加工余量及偏差见表6-3。

表6-3 粗车及半精车外圆加工余量及偏差   mm

零件公称尺寸	直径余量						直径偏差	
	经或未经热处理零件的粗车		半精车				荒车 (h14)	粗车 (h12~h13)
			未经热处理		经热处理			
	折算长度							
	≤200	200~400	≤200	200~400	≤200	200~400		
>6~10	1.5	1.7	0.8	1.0	1.0	1.3	-0.36	-0.15~-0.22
>10~18	1.5	1.7	1.0	1.3	1.3	1.5	-0.43	-0.18~-0.27
>18~30	2.0	2.2	1.3	1.3	1.3	1.5	-0.52	-0.21~-0.33
>30~50	2.0	2.2	1.4	1.5	1.5	1.9	-0.62	-0.25~-0.39
>50~80	2.3	2.5	1.5	1.8	1.8	2.0	-0.74	-0.30~-0.45
>80~120	2.5	2.8	1.5	1.8	1.8	2.0	-0.87	-0.35~-0.54
>120~180	2.5	2.8	1.8	2.0	2.0	2.3	-1.00	-0.40~-0.63
>180~250	2.8	3.0	2.0	2.3	2.3	2.5	-1.15	-0.46~-0.72
>250~315	3.0	3.3	2.0	2.3	2.3	2.5	-1.30	-0.52~-0.81

半精车后磨外圆加工余量见表6-4。

表6-4 半精车后磨外圆加工余量   mm

零件公称尺寸	直径余量									
	第一种		第二种				第三种			
	经或未经热处理零件的终磨		热处理后				热处理前粗磨		热处理后半精磨	
			粗磨		半精磨					
	折算长度									
	≤200	200~400	≤200	200~400	≤200	200~400	≤200	200~400	≤200	200~400
>6~10	0.20	0.30	0.12	0.20	0.08	0.10	0.12	0.20	0.20	0.30
>10~18	0.20	0.30	0.12	0.20	0.08	0.10	0.12	0.20	0.20	0.30
>18~30	0.20	0.30	0.12	0.20	0.08	0.10	0.12	0.20	0.20	0.30
>30~50	0.30	0.40	0.20	0.25	0.10	0.15	0.20	0.25	0.30	0.40
>50~80	0.40	0.50	0.25	0.30	0.15	0.20	0.25	0.30	0.40	0.50
>80~120	0.40	0.50	0.25	0.30	0.15	0.20	0.25	0.30	0.40	0.50
>120~180	0.50	0.80	0.30	0.50	0.20	0.30	0.30	0.50	0.50	0.80
>180~250	0.50	0.80	0.30	0.50	0.20	0.30	0.30	0.50	0.50	0.80
>250~315	0.50	0.80	0.30	0.50	0.20	0.30	0.30	0.50	0.50	0.80

一般棒料外圆车削加工余量见表6-5。

表6-5 一般棒料外圆车削加工余量　　　　　　　　　　　　　　　　　mm

公称直径	表面的加工方法	轴的长度 ≤120	>120~260	>260~500	>500~800	>800~1 250	>1 250~2 000
≤30	粗车和一次车	1.3/1.1	1.7/—	—	—	—	—
	半精车	0.45/0.45	0.50/—	—	—	—	—
	精车	0.25/0.20	0.25/—	—	—	—	—
	细车	0.13/0.12	0.15/—	—	—	—	—
>30~50	粗车和一次车	1.3/1.1	1.6/1.4	2.2/—	—	—	—
	半精车	0.45/0.45	0.45/0.45	0.50/—	—	—	—
	精车	0.25/0.20	0.25/0.25	0.30/—	—	—	—
	细车	0.13/0.12	0.14/0.13	0.16/—	—	—	—
>50~80	粗车和一次车	1.5/1.1	1.7/1.5	2.3/2.1	3.1/—	—	—
	半精车	0.45/0.45	0.50/0.45	0.50/0.50	0.55/—	—	—
	精车	0.25/0.20	0.30/0.25	0.30/0.30	0.35/—	—	—
	细车	0.13/0.12	0.14/0.13	0.18/0.16	0.20/—	—	—
>80~120	粗车和一次车	1.8/1.2	1.9/1.3	2.1/1.7	2.6/2.3	3.4/—	—
	半精车	0.50/0.45	0.50/0.45	0.5/0.5	0.50/0.50	0.55/—	—
	精车	0.25/0.25	0.25/0.25	0.30/0.25	0.30/0.30	0.35/—	—
	细车	0.15/0.12	0.16/0.12	0.16/0.14	0.18/0.17	0.20/—	—
>120~180	粗车和一次车	2.0/1.3	2.1/1.4	2.3/1.8	2.7/2.3	3.5/3.2	4.8/—
	半精车	0.50/0.45	0.50/0.45	0.50/0.50	0.50/0.50	0.60/0.55	0.68/—
	精车	0.30/0.25	0.30/0.25	0.30/0.25	0.30/0.30	0.35/0.30	0.40/—
	细车	0.16/0.13	0.16/0.13	0.17/0.15	0.18/0.17	0.21/0.20	0.27/—
附注	① 车削时的余量,分子是毛坯装夹在顶尖上加工时的余量,分母是毛坯在卡盘上装夹时的加工余量。 ② 锥面余量的大小与加工圆柱面一样,按其最大直径选取加工余量						

模锻毛坯外圆车削加工余量见表6-6。

表 6-6 模锻毛坯外圆车削加工余量　　mm

公称直径	表面的加工方法	轴的长度					
		≤120	>120~260	>260~500	>500~800	>800~1 250	>1 250~2 000
>18~30	粗车和一次车 细车 精车	1.6/1.5 0.25/0.25 0.14/0.14	2.0/1.8 0.30/0.25 0.15/0.14	2.3/— 0.30/— 0.16/—	— — —	— — —	— — —
>30~50	粗车和一次车 精车 细车	1.8/1.7 0.30/0.25 0.15/0.15	2.3/2.0 0.30/0.30 0.16/0.15	3.0/2.7 0.30/0.30 0.19/0.17	3.5/— 0.35/— 0.21/—	— — —	— — —
>50~80	粗车和一次车 精车 细车	2.2/2.0 0.30/0.30 0.16/0.16	2.9/2.6 0.30/0.30 0.18/0.17	3.4/2.9 0.35/0.30 0.20/0.18	4.2/3.6 0.40/0.35 0.22/0.20	5.0/— 0.45/— 0.26/—	— — —
>80~120	粗车和一次车 精车 细车	2.6/2.3 0.30/0.30 0.17/0.17	3.3/3.0 0.30/0.30 0.19/0.18	4.3/3.8 0.40/0.35 0.23/0.21	5.2/4.5 0.45/0.40 0.26/0.24	6.3/5.2 0.50/0.45 0.30/0.26	8.2/— 0.60/— 0.38/—
>50~80	粗车和一次车 精车 细车	3.2/2.8 0.35/0.30 0.20/0.20	4.6/4.2 0.40/0.30 0.24/0.22	5.0/4.5 0.45/0.40 0.25/0.23	6.2/5.6 0.50/0.45 0.30/0.27	7.5/6.7 0.60/0.55 0.35/0.32	—
附注	车削时的余量，分子是毛坯装夹在顶尖上加工时的余量，分母是毛坯在卡盘上装夹时的加工余量						

轴的外圆磨削加工余量见表 6-7。

表 6-7 轴的外圆磨削加工余量　　mm

公称直径	表面的加工方法	轴的长度					
		≤120	>120~260	>260~500	>500~800	>800~1 250	>1 250~2 000
≤30	热处理后粗磨 精车后粗磨 粗磨后精磨	0.30 0.10 0.06	0.60 0.10 0.06	— — —	— — —	— — —	— — —
>30~50	热处理后粗磨 精车后粗磨 粗磨后精磨	0.25 0.10 0.06	0.50 0.10 0.06	0.85 0.10 0.06	— — —	— — —	— — —

续表

公称直径	表面的加工方法	轴的长度					
		≤120	>120~260	>260~500	>500~800	>800~1 250	>1 250~2 000
>50~80	热处理后粗磨	0.25	0.40	0.75	1.20	—	—
	精车后粗磨	0.10	0.10	0.10	0.10	—	—
	粗磨后精磨	0.06	0.06	0.06	0.06	—	—
>80~120	热处理后粗磨	0.20	0.35	0.65	1.00	1.55	—
	精车后粗磨	0.10	0.10	0.10	0.10	0.10	—
	粗磨后精磨	0.06	0.06	0.06	0.06	0.06	—
>120~180	热处理后粗磨	0.17	0.30	0.55	0.85	1.30	2.10
	精车后粗磨	0.10	0.10	0.10	0.10	0.10	0.10
	粗磨后精磨	0.06	0.06	0.06	0.06	0.06	0.06
附注	如果磨削工序分成两工步,则第一步工序的余量取表列余量的70%、第二工步为30%						

3. 轴端面加工余量

粗车端面后,正火调质的加工余量见表6-8。

表6-8 粗车端面后,正火调质的加工余量　　　　mm

零件直径 d	零件全长 L					
	≤18	18~50	50~120	120~260	260~500	>500
	精车一端面余量					
≤30	0.8	1.0	1.4	1.6	2.0	2.4
30~50	1.0	1.2	1.4	1.6	2.0	2.4
50~120	1.2	1.4	1.6	2.0	2.4	2.4
120~260	1.4	1.6	2.0	2.0	2.4	2.8
>260	1.6	1.8	2.0	2.0	2.8	3.0
长度偏差	0.18	0.21~0.25	0.30~0.35	0.40~0.46	0.52~0.63	0.7~1.5
附注	① 在粗车不需正火调质的零件,其端面余量按上表的1/2~1/3选用。 ② 对薄形工件,如齿轮、垫圈等,按上表余量加50%~100%					

精车端面的加工余量见表 6-9。

表 6-9 精车端面的加工余量   mm

零件直径 d	零件全长 L					
	≤18	18~50	50~120	120~260	260~500	>500
	精车一端面余量					
≤30	0.4	0.5	0.7	0.8	1.0	1.2
30~50	0.5	0.6	0.7	0.8	1.0	1.2
50~120	0.6	0.7	0.8	1.0	1.2	1.2
120~260	0.7	0.8	1.0	1.0	1.2	1.4
260~500	0.9	1.0	1.2	1.2	1.4	1.5
>500	1.2	1.2	1.4	1.4	1.5	1.7
长度偏差	-0.2	-0.3	-0.4	-0.5	-0.6	-0.8
附注	① 加工有台阶的轴时,每台阶的加工余量应根据该台阶的直径 d 及零件全长分别选用。 ② 表中的公差为尺寸 L 的公差,若原公差大,则取原公差值					

磨端面的加工余量见表 6-10。

表 6-10 磨端面的加工余量   mm

零件直径 d	零件全长 L					
	≤18	18~50	50~120	120~260	260~500	>500
	磨削一端面余量					
≤30	0.2	0.3	0.3	0.4	0.5	0.6
30~50	0.3	0.3	0.4	0.4	0.5	0.6
50~120	0.3	0.3	0.4	0.5	0.6	0.6
120~260	0.4	0.4	0.5	0.5	0.6	0.7
260~500	0.5	0.5	0.5	0.6	0.7	0.7
>500	0.6	0.6	0.6	0.7	0.8	0.8
长度偏差	-0.12	-0.17	-0.23	-0.3	-0.4	-0.5
附注	① 加工有台阶的轴时,每台阶的加工余量应根据该台阶的直径 d 及零件全长分别选用。 ② 表中的公差为尺寸 L 的公差,若原公差大,则取原公差值。 ③ 加工套类零件时,余量值可适当增加					

粗车后端面加工余量见表 6-11。

表 6-11 端面加工余量　　　　mm

零件长度	粗车后的精车端面			粗车后的磨削	
	余量(端面的最大尺寸)				
	≤30	>30~120	>120~260	≤120	>120~1 260
≤10	0.5	0.6	1.0	0.2	0.3
>10~18	0.5	0.7	1.0	0.2	0.3
>18~50	0.6	1.0	1.2	0.2	0.3
>50~80	0.7	1.0	1.3	0.3	0.4
>80~120	1.0	1.0	1.3	0.3	0.5
>120~160	1.0	1.3	1.5	0.3	0.5

4. 内孔加工余量

基孔制 7 级精度(H7)孔加工余量见表 6-12。

表 6-12　基孔制 7 级精度(H7)孔加工余量　　　　mm

加工孔的直径	直径					加工孔的直径	直径				
	钻		用车刀镗以后	扩孔钻	粗铰	精铰 H7		钻		用车刀镗以后	扩孔钻	粗铰	精铰 H7
	第一次	第二次						第一次	第二次				
3	2.9	—	—	—	—	3	30	15.0	28.0	29.8	29.8	29.93	30
4	3.9	—	—	—	—	4	32	15.0	30.0	31.7	31.75	31.93	32
5	4.8	—	—	—	—	5	35	20.0	33.0	34.7	34.75	34.93	35
6	5.8	—	—	—	—	6	38	20.0	36.0	37.7	37.75	37.93	38
8	7.8	—	—	—	7.96	8	40	25.0	38.0	39.7	39.75	39.93	40
10	9.8	—	—	—	9.96	10	42	25.0	40.0	41.7	41.75	41.93	42
12	11.0	—	—	11.85	11.95	12	45	25.0	43.0	44.7	44.75	44.93	45
13	12.0	—	—	12.85	12.95	13	48	25.0	46.0	47.7	47.75	47.93	48
14	13.0	—	—	13.85	13.95	14	50	25.0	48.0	49.7	49.75	49.93	50
15	14.0	—	—	14.85	14.95	15	60	30.0	55.0	59.5	59.5	59.9	60
16	15.0	—	—	15.85	15.95	16	70	30.0	65.0	69.5	69.5	69.9	70
18	17.0	—	—	17.85	17.94	18	80	30.0	75.0	79.5	79.5	79.9	80
20	18.0	—	19.8	19.8	19.94	20	90	30.0	80.0	89.3	—	89.9	90
22	20	—	21.8	21.8	21.94	22	100	30.0	80.0	99.3	—	99.8	100
24	22	—	23.8	23.8	23.94	24	120	30.0	80.0	119.3	—	119.8	120
25	23	—	24.8	24.8	24.94	25	140	30.0	80.0	139.3	—	139.8	140
26	24	—	25.8	25.8	25.94	26	160	30.0	80.0	159.3	—	159.8	160
28	26	—	27.8	27.8	27.94	28	180	30.0	80.0	179.3	—	179.8	180

附注：
① 在铸铁上加工直径小于 15 mm 的孔时，不用扩孔钻和镗孔。
② 在铸铁上加工直径为 30 mm 与 32 mm 的孔时，仅用直径为 28 mm 与 30 mm 的钻头各钻一次。
③ 如仅用一次铰孔，则铰孔的加工余量为本表中粗铰与精铰的加工余量之和。
④ 钻头直径大于 75 mm 时采用环孔钻

用金刚石刀精镗孔加工余量见表 6-13。

表 6-13 用金刚石刀精镗孔加工余量   mm

零件基本尺寸	直径余量							
	钢		青铜及铸铁		轻合金		巴氏合金	
	粗镗	精镗	粗镗	精镗	粗镗	精镗	粗镗	精镗
≤30	0.2	0.1	0.2	0.1	0.2	0.1	0.3	0.1
30~50	0.2	0.1	0.3	0.1	0.3	0.1	0.4	0.1
50~80	0.3	0.1	0.3	0.1	0.4	0.1	0.5	0.1
80~120	0.3	0.1	0.3	0.1	0.4	0.1	0.5	0.1
120~180	0.3	0.1	0.4	0.1	0.5	0.1	0.6	0.2
180~250	0.3	0.1	0.4	0.1	0.5	0.1	0.6	0.2
250~315	0.3	0.1	0.4	0.1	0.5	0.1	0.6	0.2
315~400	0.3	0.1	0.4	0.1	0.5	0.1	0.6	0.2
400~500	0.4	0.1	0.5	0.2	0.5	0.1	0.6	0.2

孔的拉削余量见表 6-14,孔的磨削余量见表 6-15,孔的研磨余量见表 6-16。

表 6-14 孔的拉削余量   mm

孔的公称直径	直径上的余量	孔的公称直径	直径上的余量
<18	0.5	>50~80	1.0
>18~30	0.6	>80~120	1.2
>30~50	0.8	>120~180	1.5
附注	表中所推荐的余量适用于孔深 $l \leq 3d$ 的孔		

表 6-15 孔的磨削余量   mm

加工方法	孔尺寸为下列范围的直径上的余量		
	6~12	10~50	50~180
热处理以前的磨削	0.2	0.3	0.4~0.5
热处理以后的磨削:粗磨	—	0.2	0.3
精磨	—	0.1	0.2

表 6-16 孔的研磨余量   mm

孔的直径	直径上的余量
<50	0.010
>50~80	0.015
>80~120	0.020

5. 平面加工余量

平面第一次粗加工余量见表 6-17。

表 6-17 平面第一次粗加工余量　　mm

平面最大尺寸	毛坯制造方法					
	铸件			热冲压	冷冲压	锻造
	灰铸铁	可锻铸铁	青铜			
≤50	1.0~1.5	1.0~1.3	0.8~1.0	0.8~1.1	0.6~0.8	1.0~1.4
50~120	1.5~2.0	1.3~1.7	1.0~1.4	1.3~1.8	0.8~1.1	1.4~1.8
120~260	2.0~2.7	1.7~2.2	1.4~1.8	1.5~1.8	1.0~1.4	1.5~2.5
260~500	2.7~3.5	2.2~3.0	2.0~2.5	1.8~2.2	1.3~1.8	2.2~3.0
>500	4.0~6.0	3.5~4.5	3.0~4.0	2.4~3.0	2.0~2.6	3.5~4.5

铣平面加工余量见表 6-18。

表 6-18 铣平面加工余量　　mm

零件厚度	荒铣后粗铣						粗铣后半精铣					
	宽度≤200			200<宽度<400			宽度≤200			200<宽度<400		
	平面长度											
	≤100	100~250	250~400	≤100	100~250	250~400	≤100	100~250	250~400	≤100	100~250	250~400
6~30	1.0	1.2	1.5	1.2	1.5	1.7	0.7	1.0	1.0	1.0	1.0	1.0
30~50	1.0	1.5	1.7	1.5	1.5	2.0	1.0	1.0	1.2	1.0	1.2	1.2
>50	1.5	1.7	2.0	1.7	2.0	2.5	1.3	1.3	1.5	1.3	1.5	1.5

磨平面加工余量见表 6-19。

表 6-19 磨平面加工余量　　mm

零件厚度	第一种						第二种											
	经热处理或未经热处理零件的终磨						热处理后											
							粗磨						半精磨					
	宽度≤200			200<宽度<400			宽度≤200			200<宽度<400			宽度≤200			200<宽度<400		
	平面长度																	
	≤100	100~250	250~400	≤100	100~250	250~400	≤100	100~250	250~400	≤100	100~250	250~400	≤100	100~250	250~400	≤100	100~250	250~400
6~30	0.3	0.3	0.5	0.3	0.5	0.5	0.2	0.2	0.3	0.2	0.3	0.3	0.1	0.1	0.2	0.1	0.2	0.2
30~50	0.5	0.5	0.5	0.5	0.5	0.5	0.3	0.3	0.3	0.3	0.3	0.3	0.2	0.2	0.2	0.2	0.2	0.2
>50	0.5	0.5	0.5	0.5	0.5	0.5	0.3	0.3	0.3	0.3	0.3	0.3	0.2	0.2	0.2	0.2	0.2	0.2

平面加工时的加工余量见表 6-20。

表 6-20 平面加工时的加工余量 mm

平面加工方法	按加工表面最大尺寸选取单面余量							
	<50	>50~120	>120~260	>260~500	>500~800	>800~1 250	>1 250~2 000	>2 000~3 150
粗加工和一次加工铸件:								
1级精度砂型铸件	0.9	1.1	1.5	2.2	3.1	4.5	7.0	10.0
2级精度砂型铸件	1.0	1.2	1.6	2.3	3.2	4.6	7.1	11.0
金属模铸件	0.7	0.8	1.0	1.6	2.2	3.1	4.6	7.0
壳膜型铸件	0.5	0.6	0.8	1.4	2.0	2.9	—	—
精密铸造的铸件	0.3	0.4	0.5	0.8	—	—	—	—
半精加工铸件	0.25	0.25	0.30	0.30	0.35	0.40	0.50	0.65
精加工铸件	0.16	0.16	0.16	0.16	0.16	0.16	0.20	0.20
粗磨或一次磨	0.05	0.05	0.05	0.05	0.05	0.05	0.08	0.08
精磨	0.03	0.03	0.03	0.03	0.03	0.03	0.05	0.05

6. 攻螺纹及装配前的钻孔直径

攻螺纹前钻孔用麻花钻直径见表 6-21。

表 6-21 攻螺纹前钻孔用麻花钻直径 mm

公称直径	攻螺纹前钻孔用麻花钻直径								螺栓通孔尺寸		
	普通粗牙螺纹	普通细牙螺纹							精装配	中等装配	粗装配
		螺距									
		0.35	0.5	0.75	1	1.25	1.5	2	3			
2.5	2.05	2.15								2.7	2.9	3.1
3	2.5	2.65								3.2	3.4	3.5
3.5	2.9	3.1								3.7	3.9	4.2
4	3.3			3.5						4.3	4.5	4.8
4.5	3.7			4						4.8	5	5.3
5	4.2			4.5						5.3	5.5	5.8
5.5	—			5								
6	5			5.2						6.4	6.6	7
7	6			6.2						7.4	7.6	8
8	6.8			7.2	7					8.4	9	10
9	7.8			8.2	8							
10	8.5			9.2	9	8.8				10.5	11	12
11	9.5			10.2	10							
12	10.2				11	10.8	10.5			13	13.5	14.5
14	12				13	12.8	12.5			15	15.5	16.5
15	—				14		13.5					
16	14				15		14.5			17	17.5	18.5
17	—				16		15.5					

续表

公称直径	攻螺纹前钻孔用麻花钻直径									螺栓通孔尺寸		
	普通粗牙螺纹	普通细牙螺纹								精装配	中等装配	粗装配
		螺距										
		0.35	0.5	0.75	1	1.25	1.5	2	3			
18	15.5				17		16.5	16		19	20	21
20	17.5				19		18.5	18		21	22	24
22	19.5				21		20.5	20		23	24	26
24	21				23		22.5	22		25	26	28
25	—				24		23.5	23				
26	—						24.5					
27	24				26		25.5	25		28	30	32
28	—				27		26.5	26				
30	26.5				29		28.5	28	27	31	33	35
32	—						30.5	30				
33	29.5						31.5	31	30	34	36	38
35	—						33.5					
36	32						34.5	34	33	37	39	42
38	—						36.5					
39	35						37.5	37	36	40	42	45
40	—						38.5	38	37			

注：1. 本表所列的麻花钻直径适用于一般生产条件下的钻孔，随生产条件的不同，可按实际需要在麻花钻标准系列中选用相近的尺寸。

2. 钻普通螺纹底孔钻头直径 d_0 也可用计算求得，当螺距 $P \leqslant 1$ mm 时，$d_0 = d - P$，当 $P > 1$ mm 时，$d_0 \approx d - (1.04 \sim 1.08)P$，式中 d 为螺纹公称直径值。

6.3 工序尺寸计算及公差确定

6.3.1 工序尺寸及公差的确定

工序尺寸及其公差的确定有两种情况，工序尺寸及其公差的求解方法参见表6-22。

表6-22 工序尺寸及公差的确定

序号	分类	工序尺寸确定	工序尺寸公差确定
1	工序的定位基准与设计基准重合	工序尺寸可由后续加工的工序尺寸加上（对被包容面）或减去（对包容面）工序余量而求得	按所用加工方法的经济精度选定
2	工序的定位基准与设计基准不重合	工艺尺寸链计算	工艺尺寸链计算 图表法中粗拟公差按所用加工方法的经济精度选定，尺寸链计算校核

(1) 工序尺寸及其公差仅与工序余量有关

对于各工序的定位基准与设计基准重合时表面的多次加工（如外圆和内孔的加工），工序尺寸可由后续加工的工序尺寸加上（对被包容面）或减去（对包容面）工序余量而求得；工序公差按所用加工方法的经济精度选定。此时，可按如下方法确定各工序尺寸和公差：

1) 确定该加工表面的总余量，再根据加工路线确定各工序的基本余量，并核对第一道工序的加工余量是否合理。

2) 自终加工工序起，即从设计尺寸开始，至第一道工序，逐次加上（对被包容面）或减去（对包容面）各工序的基本余量，便可得到各道工序的基本工序尺寸。

3) 除终加工工序外，根据各工序的加工方法及其经济加工精度，确定其工序公差和表面粗糙度。

4) 按"入体原则"以单向偏差方式标注工序尺寸，并可作适当调整。

(2) 工序尺寸及其公差与零件上某设计尺寸或其他工序尺寸相关

1) 当基准不重合时，或零件在加工过程中需要多次转换工序基准，或工序尺寸尚需在继续加工的表面上标注时，有关工序的工序尺寸及其公差需要通过尺寸链的分析计算求得。

2) 对于同一位置尺寸方向上有较多尺寸，加工时定位基准又需多次转换的工件（如轴类、套筒类等），由于工序尺寸相互联系的关系较为复杂（如某些设计尺寸作为封闭环被间接保证，加工余量有误差累积），就需要从整个工艺过程的角度用工艺尺寸链的图表法作综合计算，以求出各工序尺寸及公差。

6.3.2 工序尺寸公差

加工方法确定了工序的加工经济精度，再根据工序尺寸的范围，查 GB/T 1800.1—2009 中的标准公差数值表确定工序尺寸公差。标准公差数值表见表 6-23。

表 6-23 标准公差数值

公称尺寸 mm		标准公差等级											
		IT2	IT3	IT4	IT5	IT6	IT7	IT8	IT9	IT10	IT11	IT12	IT13
大于	至	μm										mm	
—	3	1.2	2	3	4	5	10	14	25	40	60	0.10	0.14
3	6	1.5	2.5	4	5	8	12	18	30	48	75	0.12	0.18
6	10	1.5	2.5	4	6	9	15	22	36	58	90	0.15	0.22
10	18	2	3	5	8	11	18	27	43	70	110	0.18	0.27
18	30	2.5	4	6	9	13	21	33	52	84	130	0.21	0.33
30	50	2.5	4	7	11	16	25	39	62	100	160	0.25	0.39
50	80	3	5	8	13	19	30	46	74	120	190	0.30	0.46
80	120	4	6	10	15	22	35	54	87	140	220	0.35	0.54
120	180	5	8	12	18	25	40	63	100	160	250	0.40	0.63
180	250	7	10	14	20	29	46	72	115	185	290	0.46	0.72
250	315	8	12	16	23	32	52	81	130	210	320	0.52	0.81
315	400	9	13	18	25	36	57	89	140	230	360	0.57	0.89

续表

公称尺寸 mm		标准公差等级										
		IT2	IT3	IT4	IT5	IT6	IT7	IT8	IT9	IT10	IT11	IT12	IT13
大于	至	μm										mm	
400	500	10	15	20	27	40	63	97	155	250	400	0.63	0.97
500	630	11	16	22	32	44	70	110	175	280	440	0.70	1.10
630	800	13	18	25	36	50	80	125	200	320	500	0.80	1.25
800	1 000	15	21	28	40	56	90	140	230	360	560	0.90	1.40

6.4 机床及工艺装备选择

6.4.1 机床的选择

机床选择详见第 4 章,选择机床应考虑以下几方面:
1) 机床的加工尺寸范围应与工件的外轮廓尺寸相适应。
2) 机床的工作精度应与工序要求的精度相适应。
3) 机床的生产效率应与工件的生产类型相适应。
4) 机床的选择应考虑现有的制造资源及设备条件,尽量采用现有设备或对现有设备进行改装。

6.4.2 工艺装备的选择

1. 夹具的选择

在单件、小批生产中,应选用通用夹具和组合夹具,在大批、大量生产中,应根据工序加工要求设计制造专用夹具。

2. 刀具的选择

主要依据加工表面的尺寸、工件材料、所要求的加工精度、表面粗糙度及选定的加工方法等选择刀具。一般应采用标准刀具,必要时采用组合刀具及专用刀具。

3. 量具的选择

主要依据生产类型和零件加工所要求的精度等选择量具。一般的单件、小批生产时,采用通用量具量仪。在大批、大量生产中采用各种量规、量仪和专用量具等。

6.5 切削用量的选择

6.5.1 切削用量选择原则

切削用量的选择应该充分利用刀具的切削性能和机床性能,在保证加工质量的前提下,取得较高的生产率和较低的成本。影响切削用量选择的主要因素包括工件的加工质量要求和生产效率要求、刀具材料的切削性能、机床的加工精度与性能、刀具耐用度、工艺系统的振动、机床功率等。

粗加工时,应尽量保证较高的金属切除率和必要的刀具耐用度,一般优先选择尽可能大的切削深度a_p,其次选择较大的进给量f,最后根据刀具耐用度要求,确定合适的切削速度v_c。精加工时,应保证工件的加工精度和表面质量要求,一般选用较小的切削深度a_p和进给量f,尽可能选用较高的切削速度v_c。

1. 切削用量的选择原则

就提高生产率来讲,切削用量三要素a_p、f、v_c对机床切削效率的影响权重是一样的。但对刀具寿命的影响却大不相同,在a_p、f、v_c三者中,a_p对刀具使用寿命的影响最小,f次之,v_c的影响最大。因而,在保证一定刀具使用寿命的前提下,确定切削用量时首先应尽可能选择较大的a_p,其次按工艺装备与技术条件的允许选择最大的f,最后再根据"切削用量手册"查取或根据刀具使用寿命公式计算确定v_c。

2. 切削用量的选用

(1) 背吃刀量a_p的选择

背吃刀量a_p应根据加工余量确定。粗加工时,除留下精加工的余量外,应尽可能一次走刀切除全部粗加工的余量,在中等功率的机床上,a_p可达8~10 mm。在加工余量过大或工艺系统刚度不足等情况下,应将第一次走刀的背吃刀量取大些,可占全部余量的2/3~3/4,而使第二次走刀的切削深度小些。切削零件为表层有硬皮的铸、锻件或不锈钢等冷硬较严重的材料时,应使背吃刀量超过硬皮或冷硬层,以避免使切削刃在硬皮或冷硬层上切削导致刀具过快磨损。半精加工(表面粗糙度$Ra6.3~3.2\ \mu m$)时,a_p可取0.5~2 mm。精加工(表面粗糙度$Ra1.6~0.8\ \mu m$)时,a_p可取0.1~0.4 mm。

(2) 进给量f的选择

进给量f主要受工艺系统刚度和工件表面粗糙度的限制。而粗加工时因切削力大,表面粗糙度要求低,限制进给量的主要因素是工艺系统刚度。而限制精加工进给量的主要因素是表面粗糙度要求。

粗加工时,限制进给量的主要是切削力,一般多根据经验或查手册选取。这时主要考虑切削深度、工件材料、工艺系统刚度、机床进给机构强度、机床有效功率与转矩、切削力大小和刀具的尺寸等,必要时需进行验算。

在半精加工和精加工时,应按表面粗糙度要求,根据工件材料、刀尖圆弧半径、刀具副偏角、切削速度等选择进给量。允许进给量的推荐值可查阅有关资料。

(3) 切削速度v_c的确定

当a_p与f选定后,可以按刀具使用寿命求出切削速度或用查表法确定切削速度v_c。应考虑以下几点:

1) 精加工时,应尽量避开积屑瘤易于产生的速度范围。

2) 粗加工时,需对机床功率进行校验。

3) 断续切削时,宜适当降低切削速度,以减少冲击和热应力。

4) 加工大型、细长、薄壁工件时,应选用较低的切削速度;端面车削应比外圆车削的速度高些,以获得较高的平均切削速度,提高生产率。

5) 在易发生振动的情况下,切削速度应避开自激振动的临界速度。

6.5.2 常用刀具耐用度

常用刀具耐用度参考值见表 6-24。

表 6-24 常用刀具耐用度（参考值）

刀具	耐用度/min	刀具	耐用度/min
普通外圆车刀	90	扩孔钻	60
端面车刀	60	铰刀	70
多刀仿形车床上的外圆车刀	200	多头组合铣床上的端铣刀	800
端面车刀	150	多头组合铣床上的角度铣刀或燕尾铣刀	1 000
成形车刀	120	刨刀	90
镗刀	60	齿轮滚刀	200
普通钻头	100	插齿刀	280
组合机床上的钻头	300	螺纹车刀	70
普通端铣刀	200	外圆磨砂轮	40
镶齿圆柱铣刀	180	无心磨砂轮	60
立铣刀	90	平面磨砂轮	30
切断和切槽铣刀	120	内圆磨砂轮	15
角度铣刀	140	机用丝锥	90

6.5.3 切削用量选择

1. 车削加工切削用量

硬质合金及高速钢车刀粗车外圆及端面的进给量见表 6-25。

表 6-25 硬质合金及高速钢车刀粗车外圆及端面的进给量

工件材料	车刀刀杆尺寸/mm	工件直径/mm	背吃刀量 a_p/mm				
			≤3	>3~5	>5~8	>8~12	>12
			进给量 f/(mm/r)				
碳素结构钢、合金结构钢及耐热钢	16×25	20	0.3~0.4	—			
		40	0.4~0.5	0.3~0.4			
		60	0.5~0.7	0.4~0.6	0.3~0.5		
		100	0.6~0.9	0.5~0.7	0.5~0.6	0.4~0.5	
		400	0.8~1.2	0.7~1.0	0.6~0.8	0.5~0.6	
	20×30 25×25	20	0.3~0.4	—			
		40	0.4~0.5	0.3~0.4			
		60	0.6~0.7	0.5~0.7	0.4~0.6		
		100	0.8~1.0	0.7~0.9	0.5~0.7	0.4~0.7	
		400	1.2~1.4	1.0~1.2	0.8~1.0	0.6~0.9	0.4~0.6
	25×40	60	0.6~0.9	0.5~0.8	0.4~0.7		
		100	0.8~1.2	0.7~1.1	0.6~0.9	0.5~0.8	
		1 000	1.2~1.5	1.1~1.5	0.9~1.2	0.8~1.0	0.7~0.8

续表

工件材料	车刀刀杆尺寸/mm	工件直径/mm	背吃刀量 a_p/mm ≤3	>3~5	>5~8	>8~12	>12
			进给量 f/(mm/r)				
铸铁及铜合金	16×25	40	0.4~0.5	—			
		60	0.6~0.8	0.5~0.8	0.4~0.6		
		100	0.8~1.2	0.7~1.0	0.6~0.8	0.5~0.7	
		400	1.0~1.4	1.0~1.2	0.8~1.0	0.6~0.8	
	20×30	40	0.4~0.5	—			
		60	0.6~0.9	0.5~0.8	0.4~0.7		
	25×25	100	0.9~1.3	0.8~1.2	0.7~1.0	0.5~0.8	
		400	1.2~1.8	1.2~1.6	1.0~1.3	0.9~1.1	0.7~0.9
	25×40	60	0.6~0.8	0.5~0.8	0.4~0.7		
		100	1.0~1.2	0.9~1.2	0.8~1.0	0.6~0.9	
		1 000	1.5~2.0	1.2~1.8	1.0~1.4	1.0~1.2	0.8~1.0

注：1. 加工断续表面及有冲击的工件时，表内进给量应乘以系数 k，$k=0.75\sim0.85$。

2. 在无外皮加工时，表内进给量应乘以系数 k，$k=1.1$。

3. 加工耐热钢及合金时，进给量不大于 1 mm/r。

4. 加工淬硬钢时，进给量应减小。当钢材的硬度为 44~56 HRC 时，乘以系数 $k=0.8$；当钢材的硬度为 57~62 HRC 时，乘以系数 $k=0.5$。

半精加工和精加工时，主要根据表面粗糙度要求，选择进给量 f。按表面粗糙度选择进给量的参考值见表 6-26。

表 6-26 按表面粗糙度选择进给量的参考值

工件材料	表面粗糙度/μm	切削速度 v_c/(m/min)	刀尖圆弧半径		
			0.5	1.0	2.0
			进给量 f/(mm/r)		
铸铁、青铜、铝合金	$Ra10\sim5$	不限	0.25~0.40	0.40~0.50	0.50~0.60
	$Ra5\sim2.5$		0.15~0.25	0.25~0.40	0.40~0.60
	$Ra2.5\sim1.25$		0.10~0.15	0.15~0.20	0.20~0.35
碳钢及合金钢	$Ra10\sim5$	<50	0.30~0.50	0.45~0.60	0.55~0.70
		>50	0.40~0.55	0.55~0.65	0.65~0.70
	$Ra5\sim2.5$	<50	0.18~0.25	0.25~0.30	0.30~0.40
		>50	0.25~0.30	0.30~0.35	0.35~0.50
	$Ra2.5\sim1.25$	<50	0.10	0.11~0.15	0.15~0.22
		50~100	0.11~0.16	0.16~0.25	0.25~0.35
		>100	0.16~0.20	0.20~0.25	0.25~0.33

硬质合金及高速钢镗刀粗镗孔的进给量参考值见表 6-27。

表 6-27 硬质合金及高速钢镗刀粗镗孔的进给量

镗刀或镗杆		加工材料							
圆形镗杆直径或方形镗杆尺寸/mm	镗刀或镗杆伸出长度/mm	碳素结构钢、合金结构钢、耐热钢				铸铁、铜合金			
		背吃刀量 a_p/mm							
		2	3	5	8	2	3	5	8
		进给量 f/(mm/r)							
10	50	0.08				0.12~0.16			
12	60	0.10	0.08			0.12~0.20	0.12~0.18		
16	80	0.10~0.20	0.15	0.10		0.20~0.30	0.15~0.25	0.10~0.18	
20	100	0.15~0.30	0.15~0.25	0.12		0.30~0.40	0.25~0.35	0.12~0.25	
25	125	0.25~0.50	0.15~0.40	0.12~0.20		0.40~0.60	0.30~0.50	0.25~0.35	
30	150	0.40~0.70	0.20~0.50	0.12~0.30		0.50~0.80	0.40~0.60	0.25~0.45	
40	200		0.25~0.60	0.15~0.40		0.60~0.80	0.30~0.60		
40×40	150		0.60~1.0	0.50~0.70		0.70~1.2	0.50~0.90	0.40~0.50	
	300		0.40~0.70	0.30~0.60		0.60~0.90	0.40~0.70	0.30~0.40	
60×60	150		0.90~1.2	0.80~1.0	0.60~0.80	1.0~1.5	0.80~1.2	0.60~0.90	
	300		0.70~1.0	0.50~0.80	0.40~0.70	0.90~1.2	0.70~0.90	0.50~0.70	
75×75	300		0.90~1.3	0.80~1.1	0.70~0.90	1.1~1.6	0.90~1.3	0.70~1.0	
	500		0.70~1.0	0.60~0.90	0.50~0.70		0.70~1.1	0.60~0.80	
	800			0.40~0.70			0.60~0.80		

注:1. 背吃刀量较小,加工材料强度较低时,进给量取较大值;背吃刀量较大,加工材料强度较高时,进给量取较小值。

2. 加工耐热钢及合金钢时,不采用大于 1 mm/r 的进给量。

3. 加工断续表面及有冲击的加工时,表内进给量应乘以系数 0.75~0.85。

4. 加工淬硬钢时,表内进给量应乘以系数 k,k=0.8(当材料硬度为 44~56 HRC 时)或 k=0.5(当材料硬度为 57~62 HRC 时)。

5. 可转位刀片的允许最大进给量不应超过其刀尖圆弧半径数值的 80%。

车削加工的切削速度参考值见表 6-28。

切断及切槽的进给量见表 6-29。

金刚石车刀的切削用量见表 6-30。

6.5 切削用量的选择

表 6-28 车削加工的切削速度参考值

加工材料		硬度 HBW	背吃刀量 a_p/mm	高速钢刀具		硬质合金刀具						陶瓷(超硬材料)刀具		备注
				v_c/ (m/min)	f/ (mm/r)	未涂层			涂层			v_c/ (m/min)	f/ (mm/r)	
						v_c/(m/min)		f/ (mm/r)	材料	v_c/ (m/min)	f/ (mm/r)			
						焊接式	可转位							
易切钢	低碳	100~200	1	55~90	0.18~0.2	185~240	220~275	0.18	YT15	320~410	0.18	550~700	0.13	切削条件较好时可用冷压 Al_2O_3 陶瓷,切削条件较差时宜用 Al_2O_3 + TiC 热压混合陶瓷
			4	41~70	0.40	135~185	160~215	0.50	YT14	215~275	0.40	425~580	0.25	
			8	34~55	0.50	110~145	130~170	0.75	YT5	170~220	0.50	335~490	0.40	
	中碳	175~225	1	52	0.20	165	200	0.18	YT15	305	0.18	520	0.13	
			4	40	0.40	125	150	0.50	YT14	200	0.40	395	0.25	
			8	30	0.50	100	120	0.75	YT5	160	0.50	305	0.40	
碳钢	低碳	125~225	1	43~46	0.18	140~150	170~195	0.18	YT15	260~290	0.18	520~580	0.13	
			4	34~38	0.40	115~125	135~150	0.50	YT14	170~190	0.40	365~425	0.25	
			8	27~30	0.50	88~100	105~120	0.75	YT5	135~150	0.50	275~365	0.40	
	中碳	175~275	1	34~40	0.18	115~130	150~160	0.18	YT15	220~240	0.18	460~520	0.13	
			4	23~30	0.40	90~100	115~125	0.50	YT14	145~160	0.40	290~350	0.25	
			8	20~26	0.50	70~78	90~100	0.75	YT5	115~125	0.50	200~260	0.40	
	高碳	175~275	1	30~37	0.18	115~130	140~155	0.18	YT15	215~230	0.18	460~520	0.13	
			4	24~27	0.40	88~95	105~120	0.50	YT14	145~150	0.40	275~335	0.25	
			8	18~21	0.50	69~76	84~95	0.75	YT5	115~120	0.50	185~245	0.40	
合金钢	低碳	125~225	1	41~46	0.18	135~150	170~185	0.18	YT15	220~235	0.18	520~580	0.13	
			4	32~37	0.40	105~120	135~145	0.50	YT14	175~190	0.40	365~395	0.25	
			8	24~27	0.50	84~95	105~115	0.75	YT5	135~145	0.50	375~335	0.40	
	中碳	175~275	1	34~41	0.18	105~115	130~150	0.18	YT15	175~200	0.18	460~520	0.13	
			4	26~32	0.40	85~90	105~120	0.40~0.50	YT14	135~160	0.40	280~360	0.25	
			8	20~24	0.50	67~73	82~95	0.50~0.75	YT5	105~120	0.50	220~265	0.40	
	高碳	175~275	1	30~37	0.18	105~115	135~145	0.18	YT15	175~190	0.18	460~520	0.13	
			4	24~27	0.40	84~90	105~115	0.50	YT14	135~150	0.40	275~335	0.25	
			8	18~21	0.50	66~72	82~90	0.75	YT5	105~120	0.50	215~245	0.40	
高强度钢		225~350	1	20~26	0.18	95~105	115~135	0.18	YT15	150~185	0.18	380~440	0.13	>HBW300 时宜用 12Cr4V5Co5 及 W2Mo9Cr4VCo8
			4	15~20	0.40	69~84	90~105	0.50	YT14	120~135	0.40	205~265	0.25	
			8	12~15	0.50	53~66	69~84	0.75	YT5	90~105	0.50	145~205	0.40	

表 6-29　切断及切槽的进给量

工件直径/mm	切刀宽度/mm	加工材料	
		碳素钢、合金钢及钢铸件	铸铁、铜合金及铝合金
		进给量 f/(mm/r)	
≤20	3	0.06~0.08	0.11~0.14
>20~40	3~4	0.10~0.12	0.16~0.19
>40~60	4~5	0.13~0.16	0.20~0.24
>60~100	5~8	0.16~0.22	0.24~0.32
>100~150	6~10	0.18~0.20	0.30~0.40

表 6-30　金刚石车刀的切削用量

加工材料		硬度 HBW	切削深度/mm	进给量/(mm/r)	切削速度/(m/min)	
					车外圆	镗孔
铝合金	锻轧	30~150	0.13~0.40	0.075~0.15	365~550	460
			0.40~1.25	0.15~0.30	245~365	305
			1.25~3.2	0.30~0.50	150~245	150
	铸造	40~100	0.13~0.40	0.075~0.15	915	760
			0.40~1.25	0.15~0.30	760	610
			1.25~3.2	0.30~0.50	460	305
铜合金	锻轧	10~70 HRB（退火）	0.13~0.40	0.075~0.15	460~1 370	520~915
			0.40~1.25	0.15~0.30	245~760	275~520
			1.25~3.2	0.30~0.50	120~460	150~245
		60~100 HRB（冷拉）	0.13~0.40	0.075~0.15	520~1 460	670~1 070
			0.40~1.25	0.15~0.30	305~855	365~670
			1.25~3.2	0.30~0.50	185~550	245~365
	铸造	40~150	0.13~0.40	0.075~0.15	305~1 220	365~760
			0.40~1.25	0.15~0.30	150~610	215~460
			1.25~3.2	0.30~0.50	90~305	120~245
玻璃及陶瓷		全部	0.13~0.40	0.075~0.15	760~1 220	760
			0.40~1.25	0.15~0.30	460~760	460
			1.25~3.2	0.30~0.50	245~460	245
云母		全部	0.13~0.40	0.075~0.15	245~460	245
			0.40~1.25	0.15~0.30	150~245	185
			1.25~3.2	0.30~0.50	90~150	120

续表

加工材料	硬度 HBW	切削深度/mm	进给量/(mm/r)	切削速度/(m/min) 车外圆	切削速度/(m/min) 镗孔
塑料	50~125 RM	0.13~0.40	0.075~0.15	305~460	460
		0.40~1.25	0.15~0.30	150~305	245
		1.25~3.2	0.30~0.50	90~150	120
碳纤维复合材料 玻璃纤维复合材料		0.13~0.40	0.075~0.15	200	200
		0.40~1.25	0.15~0.30	170	170
		1.25~3.2	0.30~0.50	135	135

车削加工切削用量推荐值见表 6-31。

表 6-31 车削加工切削用量推荐值

工件材料	刀具材料	通常取值			粗加工和精加工的取值范围		
		切削深度/mm	进给量/(mm/r)	切削速度/(m/min)	切削深度/mm	进给量/(mm/r)	切削速度/(m/min)
低碳钢和易切碳钢	无涂层硬质合金	1.5~6.3	0.35	90	0.5~7.6	0.15~1.1	60~135
	陶瓷涂层硬质合金		0.35	245~275			120~425
	复合涂层硬质合金		0.35	185~200			90~245
	TiN 涂层硬质合金		0.35	105~150			60~230
	Al_2O_3 陶瓷		0.25	395~440			365~550
	金属陶瓷		0.30	215~290			105~455
中碳钢和高碳钢	无涂层硬质合金	1.2~4.0	0.30	75	2.5~7.6	0.15~0.75	45~120
	陶瓷涂层硬质合金		0.30	185~230			120~410
	复合涂层硬质合金		0.30	120~150			75~215
	TiN 涂层硬质合金		0.30	90~200			45~215
	Al_2O_3 陶瓷		0.25	335			245~455
	金属陶瓷		0.25	170~245			105~305
铸铁,灰铸铁	无涂层硬质合金	1.25~6.3	0.32	90	0.4~12.7	0.1~0.75	75~185
	陶瓷涂层硬质合金		0.32	200			120~365
	TiN 涂层硬质合金		0.32	90~135			60~215
	Al_2O_3 陶瓷		0.25	455~490			365~855
	SiN 陶瓷		0.32	730			200~990

续表

工件材料	刀具材料	通常取值			粗加工和精加工的取值范围		
		切削深度/mm	进给量/(mm/r)	切削速度/(m/min)	切削深度/mm	进给量/(mm/r)	切削速度/(m/min)
不锈钢，奥氏体不锈钢	复合涂层硬质合金	1.5~4.4	0.35	150	0.5~12.7	0.08~0.75	75~230
	TiN 涂层硬质合金		0.35	85~160			55~200
	金属陶瓷		0.30	185~215			105~290
高温合金，镍基高温合金	无涂层硬质合金	2.5	0.15	25~45	0.25~6.3	0.1~0.3	15~30
	陶瓷涂层硬质合金			45			20~60
	TiN 涂层硬质合金			30~55			20~85
	Al_2O_3 陶瓷			260			185~395
	SiN 陶瓷			215			90~215
	多晶立方氮化硼			150			120~185
钛合金	无涂层硬质合金	1.0~3.8	0.15	35~60	0.25~6.3	0.1~0.4	10~75
	TiN 涂层硬质合金			30~60			10~100
铝合金易切	无涂层硬质合金	1.5~5.0	0.45	490	0.25~8.8	0.08~0.62	200~670
	TiN 涂层硬质合金			550			60~915
	金属陶瓷			490			215~795
	多晶金刚石			760			305~3 050
高硅	多晶金刚石	1.5~5.0	0.45	530	0.25~8.8	0.08~0.62	365~915
铜合金	无涂层硬质合金	1.5~5.0	0.25	260	0.4~7.51	0.15~0.75	105~535
	陶瓷涂层硬质合金			365			215~670
	复合涂层硬质合金			215			90~305
	TiN 涂层硬质合金			90~275			45~455
	金属陶瓷			245~425			200~610
	多晶金刚石			520			275~915
钨合金	无涂层硬质合金	2.5	0.2	75	0.25~5.0	0.12~0.45	55~120
	TiN 涂层硬质合金			85			60~150
热塑性和热固性材料	TiN 涂层硬质合金	1.2	0.12	170	0.12~5.0	0.08~0.35	90~230
	多晶金刚石			395			150~730
复合材料	TiN 涂层硬质合金	1.9	0.2	200	0.12~6.3	0.12~1.5	105~290
	多晶金刚石			760			550~1 310

注：采用高速钢刀具时，切削参数大约是无涂层硬质合金刀具的一半。

2. 钻、扩、铰、镗削加工切削用量

硬质合金及高速钢镗刀粗镗孔的进给量见表 6-32。

6.5 切削用量的选择

表 6-32 硬质合金及高速钢镗刀粗镗孔的进给量

<table>
<tr><th colspan="2">镗刀或镗杆</th><th colspan="10">加工材料</th></tr>
<tr><th rowspan="2">圆形镗杆直径或方形镗杆尺寸/mm</th><th rowspan="2">镗刀或镗杆伸出长度/mm</th><th colspan="5">碳素钢、合金钢、耐热钢</th><th colspan="5">铸铁、铜合金</th></tr>
<tr><th colspan="10">切削深度</th></tr>
<tr><td></td><td></td><td>2</td><td>3</td><td>5</td><td>8</td><td>12</td><td>2</td><td>3</td><td>5</td><td>8</td><td>12</td></tr>
<tr><td colspan="12">进给量 $f/(\text{mm/r})$</td></tr>
<tr><td colspan="12" align="center">车床</td></tr>
<tr><td>10</td><td>50</td><td>0.08</td><td></td><td></td><td></td><td></td><td>0.12~0.16</td><td></td><td></td><td></td><td></td></tr>
<tr><td>12</td><td>60</td><td>0.10</td><td>0.08</td><td></td><td></td><td></td><td>0.12~0.20</td><td>0.12~0.18</td><td></td><td></td><td></td></tr>
<tr><td>16</td><td>80</td><td>0.10~0.20</td><td>0.15</td><td>0.10</td><td></td><td></td><td>0.20~0.30</td><td>0.15~0.25</td><td>0.10~0.18</td><td></td><td></td></tr>
<tr><td>20</td><td>100</td><td>0.15~0.30</td><td>0.15~0.25</td><td>0.12</td><td></td><td></td><td>0.30~0.40</td><td>0.25~0.35</td><td>0.12~0.25</td><td></td><td></td></tr>
<tr><td>25</td><td>125</td><td>0.25~0.50</td><td>0.15~0.40</td><td>0.12~0.20</td><td>0.30~0.50</td><td></td><td>0.40~0.60</td><td>0.30~0.50</td><td>0.25~0.35</td><td></td><td></td></tr>
<tr><td>30</td><td>150</td><td>0.40~0.70</td><td>0.20~0.50</td><td>0.12~0.30</td><td>0.25~0.40</td><td></td><td>0.50~0.80</td><td>0.40~0.60</td><td>0.25~0.45</td><td></td><td></td></tr>
<tr><td>40</td><td>200</td><td>0.40~0.60</td><td>0.25~0.60</td><td>0.15~0.40</td><td>0.30~0.50</td><td>0.20~0.30</td><td></td><td>0.60~0.80</td><td>0.30~0.60</td><td>0.20~0.30</td><td></td></tr>
<tr><th>孔径 d/mm</th><th>镗杆长度 L/mm</th><td colspan="10" align="center">卧式镗床</td></tr>
<tr><td rowspan="2">≤50</td><td><10d</td><td>0.30~0.50</td><td>0.30~0.50</td><td>0.20~0.30</td><td></td><td></td><td>0.40~0.60</td><td>0.40~0.60</td><td>0.35~0.50</td><td></td><td></td></tr>
<tr><td>(10~20)d</td><td>0.30~0.50</td><td>0.25~0.40</td><td>0.15~0.25</td><td></td><td></td><td>0.40~0.50</td><td>0.40~0.50</td><td>0.30~0.40</td><td></td><td></td></tr>
<tr><td rowspan="2">>50~150</td><td><10d</td><td>0.40~0.60</td><td>0.40~0.60</td><td>0.35~0.50</td><td>0.30~0.50</td><td>0.25~0.45</td><td>0.60~1.0</td><td>0.60~1.0</td><td>0.50~0.80</td><td>0.40~0.80</td><td>0.40~0.70</td></tr>
<tr><td>(10~20)d</td><td>0.40~0.60</td><td>0.30~0.50</td><td>0.30~0.40</td><td>0.25~0.30</td><td>0.20~0.30</td><td>0.50~0.80</td><td>0.50~0.80</td><td>0.40~0.60</td><td>0.30~0.60</td><td>0.30~0.50</td></tr>
<tr><td>>150</td><td>(10~20)d</td><td>0.40~0.60</td><td>0.40~0.60</td><td>0.40~0.60</td><td>0.30~0.50</td><td>0.20~0.30</td><td>0.60~1.0</td><td>0.60~1.0</td><td>0.50~0.80</td><td>0.40~0.80</td><td>0.40~0.70</td></tr>
</table>

高速钢钻头钻孔时的进给量见表6-33。

表6-33 高速钢钻头钻孔时的进给量

钻头直径 d/mm	钢 R_m/MPa			铸铁、铜合金、铝合金	
	<800	800~1 000	>1 000	≤200HBS	>200HBS
	进给量 f/(mm/r)				
≤2	0.05~0.06	0.04~0.05	0.03~0.04	0.09~0.11	0.05~0.07
>2~4	0.08~0.10	0.06~0.08	0.04~0.06	0.18~0.22	0.11~0.13
>4~6	0.14~0.18	0.10~0.12	0.08~0.10	0.27~0.33	0.18~0.22
>6~8	0.18~0.22	0.13~0.15	0.11~0.13	0.36~0.44	0.22~0.26
>8~10	0.22~0.28	0.17~0.21	0.13~0.17	0.47~0.57	0.28~0.34
>10~13	0.25~0.31	0.19~0.23	0.15~0.19	0.52~0.64	0.31~0.39
>13~16	0.31~0.37	0.22~0.28	0.18~0.22	0.81~0.75	0.37~0.45
>16~20	0.35~0.43	0.26~0.32	0.21~0.25	0.70~0.86	0.43~0.53
>20~25	0.39~0.47	0.29~0.35	0.23~0.29	0.78~0.98	0.47~0.57
>25~30	0.45~0.55	0.32~0.40	0.27~0.33	0.9~1.1	0.54~0.66

注:1. 表列数据适应于在大刚性零件上钻孔,精度在H12~H13级以下,钻孔后还要扩孔或镗孔加工。

2. 在中等刚度零件上钻孔时,应乘以系数0.75;钻孔后要用铰刀加工的精确孔、低刚性零件上钻孔、斜面上钻孔及钻孔后用丝锥攻螺纹的孔,乘以系数0.50。

高速钢和硬质合金扩孔钻扩孔时的进给量见表6-34。

表6-34 高速钢和硬质合金扩孔钻扩孔时的进给量

扩孔钻直径/mm	钢、铸钢	铸铁、铜合金、铝合金	
		HB≤200	HB>200
	进给量 f/(mm/r)		
≤15	0.5~0.6	0.7~0.9	0.5~0.6
>15~20	0.6~0.7	0.9~1.1	0.6~0.7
>20~25	0.7~0.9	1.0~1.2	0.7~0.8
>25~30	0.8~1.0	1.1~1.3	0.8~0.9
>30~35	0.9~1.1	1.2~1.5	0.9~1.0
>35~40	0.9~1.2	1.4~1.7	1.0~1.2
>40~50	1.0~1.3	1.6~2.0	1.2~1.4
>50~60	1.1~1.3	1.8~2.2	1.3~1.5
>60~80	1.2~1.5	2.0~2.4	1.4~1.7

注:1. 表列数据适应于精度在H12~H13级以下,扩孔后还要用铰刀加工的孔。加工强度及硬度较低的材料时,取较大值。

2. 加工精度较高时,如H8~H11级精度的孔,后续需要用铰刀加工,以及需用丝锥攻螺纹的扩孔,则进给量应乘以系数0.7。

高速钢及硬质合金铰刀铰孔时的进给量见表6-35。

表6-35 高速钢及硬质合金铰刀铰孔时的进给量

铰刀直径/mm	高速钢铰刀				硬质合金铰刀			
	钢 R_m/MPa		铸铁,铜、铝合金		钢		铸铁,铜、铝合金	
	≤900	>900	≤170HBS	>170HBS	未淬硬钢	淬硬钢	≤170HBS	>170HBS
	进给量 f/(mm/r)							
≤5	0.2~0.5	0.15~0.35	0.6~1.2	0.4~0.6				
>5~10	0.4~0.9	0.35~0.7	1.0~2.0	0.65~1.3	0.35~0.5	0.25~0.35	0.9~1.4	0.7~1.1
>10~20	0.65~1.4	0.55~1.2	1.5~3.0	1.0~2.0	0.4~0.6	0.30~0.40	1.0~1.5	0.8~1.2
>20~30	0.8~1.8	0.65~1.5	2.0~4.0	1.3~2.6	0.5~0.7	0.35~0.45	1.2~1.8	0.9~1.4
>30~40	0.95~2.1	0.8~1.8	2.5~5.0	1.6~3.2	0.6~0.8	0.40~0.50	1.3~2.0	1.0~1.5
>40~60	1.3~2.8	1.0~2.3	3.2~6.4	2.1~4.2	0.7~0.9		1.6~2.4	1.25~1.8
>60~80	1.5~3.2	1.2~2.6	3.75~7.5	2.6~5.0	0.9~1.2		2.0~3.0	1.5~2.2

注:1. 表内进给量用于加工通孔,加工盲孔时进给量应取为 0.2~0.5 mm/r。
2. 最大进给量用于在钻或扩孔之后、精铰孔之前的粗铰孔。
3. 中等进给量用于:粗铰孔之后精铰 H7 级精度的孔;精镗之后精铰 H7 级精度的孔;对硬质合金铰刀,用于精铰 H8~H9 级精度的孔。
4. 最小进给量用于:抛光或珩磨之前的精铰孔;用一把铰刀铰 H8~H9 级精度的孔;对硬质合金铰刀,用于精铰 H7 级精度的孔。

钻削加工进给量和切削速度推荐值见表6-36。

表6-36 钻削加工进给量和切削速度推荐值

工件材料	速度/(m/min)	钻头直径/mm			
		1.5	12.5	1.5	12.5
		进给量/(mm/r)		切削速度/(r/min)	
铝合金	30~120	0.025	0.30	6 400~25 000	800~3 000
镁合金	45~120	0.025	0.30	9 600~25 000	1 100~3 000
铜合金	15~60	0.025	0.25	3 200~12 000	400~1 500
钢	20~30	0.025	0.30	4 300~6 400	500~800
不锈钢	10~20	0.025	0.18	2 100~4 300	250~500
钛合金	6~20	0.010	0.15	1 300~4 300	150~500
铸铁	20~60	0.025	0.30	4 300~12 000	500~1 500
热塑性塑料	30~60	0.025	0.13	6 400~12 000	800~1 500
热固塑料	20~60	0.025	0.10	4 300~12 000	500~1 500

3. 铣削加工切削用量

高速钢端铣刀、圆柱形铣刀和圆盘铣刀铣削时的进给量见表6-37。
高速钢立铣刀、半圆铣刀、角铣刀、切槽铣刀、切断铣刀铣削钢的进给量见表6-38。

表 6-37 高速钢端铣刀、圆柱形铣刀和圆盘铣刀铣削时的进给量

粗铣时每齿进给量 f_z/(mm/z)

铣床功率/kW	工艺系统刚度	粗齿和镶齿铣刀				细齿铣刀			
		镶齿端铣刀与圆盘铣刀		圆柱形铣刀		端铣刀与圆盘铣刀		圆柱形铣刀	
		钢	铸铁及铜合金	钢	铸铁及铜合金	钢	铸铁及铜合金	钢	铸铁及铜合金
>10	大	0.2~0.3	0.3~0.45	0.25~0.35	0.35~0.50				
>10	中	0.15~0.25	0.25~0.40	0.20~0.30	0.30~0.40				
>10	小	0.10~0.15	0.20~0.25	0.15~0.20	0.25~0.30				
5~10	大	0.12~0.20	0.25~0.35	0.15~0.25	0.25~0.35	0.08~0.12	0.20~0.35	0.10~0.15	0.12~0.20
5~10	中	0.08~0.15	0.20~0.30	0.12~0.20	0.20~0.30	0.06~0.10	0.15~0.30	0.06~0.10	0.10~0.15
5~10	小	0.06~0.10	0.15~0.25	0.10~0.15	0.12~0.20	0.04~0.08	0.10~0.20	0.06~0.08	0.08~0.12
<5	中	0.04~0.06	0.15~0.30	0.10~0.15	0.12~0.20	0.04~0.06	0.12~0.20	0.05~0.08	0.06~0.12
<5	小	0.04~0.06	0.10~0.20	0.06~0.10	0.10~0.15	0.04~0.06	0.08~0.15	0.03~0.06	0.05~0.10

半精铣时每转进给量 f/(mm/r)

要求的表面粗糙度 Ra/μm	镶齿端铣刀与圆盘铣刀	圆柱形铣刀					
		铣刀直径 d_0/mm					
		钢及铸钢			铸铁、铜及铝合金		
		40~80	100~125	160~250	40~80	100~125	160~250
6.3	1.2~2.7	1.0~2.7	1.7~3.8	2.3~5.0	—	1.4~3.0	1.9~3.7
3.2	0.5~1.2	0.6~1.5	1.0~2.1	1.3~2.8	1.0~2.3	—	0.8~1.7
1.6	0.23~0.5	—	—	—	0.6~1.3	—	1.1~2.1

注：1. 表中大进给量用于小的背吃刀量和铣削层公称宽度，小进给量用于大的背吃刀量和铣削层公称宽度。

2. 铣削耐热钢时，进给量与铣削钢时相同，但不大于 0.3 mm/s。

6.5 切削用量的选择

表 6-38 高速钢立铣刀、半圆铣刀、角铣刀、切槽铣刀、切断铣刀铣削钢的进给量

铣刀直径 d_0/mm	铣刀类型	铣削宽度 a_w/mm 每齿进给量 f_z/(mm/z)						
		3	5	6	8	10	12	15
16	立铣刀	0.08~0.05	0.06~0.05	—	—	—	—	—
20	立铣刀	0.10~0.06	0.07~0.04	—	—	—	—	—
25	立铣刀	0.12~0.07	0.09~0.05	0.08~0.04	—	—	—	—
32	立铣刀	0.16~0.10	0.12~0.07	0.10~0.05	—	—	—	—
32	半圆铣刀和角铣刀	0.08~0.04	0.07~0.05	0.06~0.04	—	—	—	—
40	立铣刀	0.20~0.12	0.14~0.08	0.12~0.07	0.08~0.05	—	—	—
40	半圆铣刀和角铣刀	0.09~0.05	0.07~0.05	0.06~0.03	0.06~0.03	—	—	—
40	切槽铣刀	0.009~0.005	0.007~0.003	0.01~0.007	0.012~0.008	—	—	—
50	立铣刀	0.25~0.15	0.15~0.10	0.13~0.08	0.10~0.07	—	—	—
50	半圆铣刀和角铣刀	0.1~0.06	0.08~0.05	0.07~0.04	0.06~0.03	0.05~0.03	—	—
50	切槽铣刀	0.01~0.006	0.008~0.004	0.012~0.008	0.012~0.008	0.015~0.01	—	—
63	半圆铣刀和角铣刀	0.10~0.06	0.08~0.05	0.07~0.04	0.06~0.04	0.06~0.04	0.06~0.03	—
63	切槽铣刀	0.013~0.008	0.01~0.005	0.015~0.01	0.015~0.01	0.015~0.01	0.017~0.008	—
80	半圆铣刀和角铣刀	0.12~0.08	0.10~0.06	0.09~0.05	0.07~0.05	0.02~0.01	0.02~0.01	0.015~0.007
80	切槽铣刀	—	0.015~0.005	0.025~0.015	0.022~0.01	0.025~0.01	0.022~0.01	0.02~0.01
80	切断铣刀	—	—	0.03~0.015	0.027~0.012			

硬质合金端铣刀、圆柱形铣刀和圆盘铣刀铣削平面和凸台时的进给量见表6-39。

表6-39 硬质合金端铣刀、圆柱形铣刀和圆盘铣刀铣削平面和凸台时的进给量

机床功率/kW	钢		铸铁及铜合金	
	每齿进给量 f_z/(mm/z)			
	P10	P30	K20	K30
5~10	0.09~0.18	0.12~0.18	0.14~0.24	0.20~0.29
>10	0.12~0.18	0.16~0.24	0.18~0.28	0.25~0.38

注:1. 表列数值用于圆柱铣刀铣削深度 $a_p \leq 30$mm;当 $a_p > 30$mm时,进给量应减少30%。
2. 用盘铣刀铣槽时,表列进给量应减少一半。
3. 用端铣刀加工时,对称铣时进给量取小值,不对称铣时进给量取大值。主偏角大时取小值。
4. 加工材料的强度或硬度大时,进给量取小值。
5. 上述进给量用于粗铣。精铣时铣刀每转进给量按下表选择。

要求达到的表面粗糙度 Ra/μm	3.2	1.6	0.8	0.4
每转进给量 f_r/(mm/r)	0.5~1.0	0.4~0.6	0.2~0.3	0.15

硬质合金立铣刀铣削平面和凸台的进给量见表6-40。

表6-40 硬质合金立铣刀铣削平面和凸台的进给量

铣刀类型	铣刀直径 d_0/mm	铣削宽度 a_w/mm			
		1~3	5	8	12
		每齿进给量 f_z/(mm/z)			
带整体刀头的立铣刀	10~12	0.03~0.025			
	14~16	0.06~0.04	0.04~0.03		
	18~22	0.08~0.05	0.06~0.04	0.04~0.03	
镶螺旋形刀片的立铣刀	20~25	0.12~0.07	0.10~0.05	0.10~0.03	0.08~0.05
	30~40	0.18~0.10	0.12~0.08	0.10~0.06	0.10~0.05
	50~60	0.20~0.10	0.16~0.10	0.12~0.08	0.12~0.06

涂层硬质合金立铣刀的铣削用量见表6-41。

表 6-41 涂层硬质合金立铣刀的铣削用量

加工材料		硬度 HBW	背吃刀量 a_p/mm	端铣平面		三面刃铣刀铣侧面及槽	
				每齿进给量 f_z/(mm/z)	速度 v/(m/min)	每齿进给量 f_z/(mm/z)	速度 v/(m/min)
碳钢	低碳钢	125~225	1	0.2	275~335	0.13	205~250
			4	0.3	200~225	0.18	145~170
			8	0.4	160~175	0.23	115~135
	中碳钢	175~225	1	0.2	225	0.13	190
			4	0.3	190	0.18	140
			8	0.4	150	0.23	110
	高碳钢	175~225	1	0.2	245	0.13	185
			4	0.3	180	0.18	135
			8	0.4	140	0.23	105
合金钢	低碳钢	125~225	1	0.2	265~305	0.13	200~230
			4	0.3	205~225	0.18	150~170
			8	0.4	155~175	0.23	115~130
	中碳钢	175~225	1	0.2	250	0.13	190
			4	0.3	175	0.18	125~130
			8	0.4	135	0.23	90~105
	高碳钢	175~225	1	0.2	235	0.13	175
			4	0.3	160	0.18	120
			8	0.4	120	0.23	90
高强度钢		300~350	1	0.13	185	0.12	135
			4	0.18	120	0.13	90
			8	0.23	95	0.15	70
高速钢		200~275	1	0.18	135~150	0.12	100~115
			4	0.25	87~100	0.15	66~76
			8	0.36	67~79	0.2	50~59
不锈钢	奥氏体钢	135~185	1	0.2	200~215	0.13	130~185
			4	0.3	130~145	0.18	84~120
			8	0.4	100~105	0.23	64~95
	马氏体钢	135~225	1	0.2	235~245	0.13	150~160
			4	0.3	150~160	0.18	100~105
			8	0.4	100~115	0.23	64~72

续表

加工材料	硬度 HBW	背吃刀量 a_p/mm	端铣平面		三面刃铣刀铣侧面及槽	
			每齿进给量 f_z/(mm/z)	速度 v/(m/min)	每齿进给量 f_z/(mm/z)	速度 v/(m/min)
灰铸铁	190~260	1	0.18	200~235	0.12	145~150
		4	0.25	130~155	0.15	100
		8	0.36	100~120	0.2	73~79
可锻铸铁	160~200	1	0.2	250	0.13	215
		4	0.3	165	0.18	175
		8	0.4	130	0.23	165

铣削切削速度推荐值见表 6-42。

表 6-42 铣削切削速度推荐值

工件材料	硬度 HBW	铣削速度/(m/min)		工件材料	硬度 HBW	铣削速度/(m/min)	
		硬质合金铣刀	高速钢铣刀			硬质合金铣刀	高速钢铣刀
低、中碳钢	<220	60~150	20~40	灰铸铁	150~225	60~110	15~20
	225~290	55~115	15~35		230~290	45~90	10~18
	300~425	35~75	10~15		300~320	20~30	5~10
高碳钢	<220	60~130	20~35	可锻铸铁	110~160	100~200	40~50
	225~325	50~105	15~25		160~200	80~120	25~35
	325~375	35~50	10~12		200~240	70~110	15~25
	375~425	35~45	5~10		240~280	40~60	10~20
合金钢	<220	55~120	15~35	铝镁合金	95~100	360~600	180~300
	225~325	35~80	10~25	不锈钢		70~90	20~35
	325~425	30~60	5~10	铸钢		45~75	15~25
工具钢	200~250	45~80	12~25	黄铜		180~300	60~90
灰铸铁	100~140	110~115	25~35	青铜		180~300	30~50

注：精加工的铣削速度再比表值增加 30%。

铣削加工进给量和切削速度推荐值见表 6-43。

表 6-43　铣削加工进给量和切削速度推荐值

工件材料		刀具材料	通常取值		变动范围	
			进给量 f_z/(mm/z)	速度 v/(m/min)	进给量 f_z/(mm/z)	速度 v/(m/min)
低碳钢和易切钢		硬质合金,金属陶瓷	0.13~0.20	120~180	0.085~0.38	90~425
合金钢	软	硬质合金,金属陶瓷	0.10~0.18	90~170	0.08~0.30	60~370
	硬	金属陶瓷,PcBN	0.10~0.15	180~210	0.08~0.25	75~460
铸铁,灰铸铁	软	硬质合金,金属陶瓷,SiN	0.10~0.20	120~760	0.08~0.38	90~1 370
	硬	金属陶瓷,SiN,PcBN	0.10~0.20	120~210	0.08~0.38	90~460
不锈钢,奥氏体不锈钢		硬质合金,金属陶瓷	0.13~0.18	120~370	0.08~0.38	90~500
高温合金,镍基		硬质合金,金属陶瓷,SiN,PcBN	0.10~0.18	30~370	0.08~0.38	30~550
钛合金		硬质合金,金属陶瓷	0.13~0.15	50~60	0.08~0.38	40~140
铝合金	易切	硬质合金,PCD	0.13~0.23	610~900	0.08~0.46	300~3 000
	高硅	PCD	0.13	610	0.08~0.38	370~910
铜合金		硬质合金,PCD	0.13~0.23	300~760	0.08~0.46	90~1 070
塑料		硬质合金,PCD	0.13~0.23	270~460	0.08~0.46	90~1 370

注:1. 硬质合金包括无涂层和有涂层。PcBN 为多晶立方氮化硼。PCD 为多晶金刚石。
2. 进给量和切削速度的选取取决于工件材料、刀具材料、过程参数及切削条件。切削深度的变动范围为 1~8 mm。

6.6　时间定额的确定

6.6.1　时间定额的确定

工时定额是指在一定的技术状态和生产组织模式下,按照产品工艺工序加工完成一个合格产品所需要的工作时间、准备时间、休息时间与生理时间的总和。时间定额是指在一定生产条件下,规定生产一件产品或完成一道工序所需消耗的时间。时间定额是安排作业计划、进行成本核算、确定设备数量、人员编制及规划生产面积的重要依据,是工艺规程的重要组成部分。

时间定额通常是由工艺人员通过总结过去的经验和参考有关的技术资料直接计算基本时间,并根据实际情况修订后确定的;或者以同类产品的工件或工序的时间定额为依据进行对比分析后类比推算出来,也可通过对实际操作时间的测定和分析后确定。

6.6.2　时间定额的组成

时间定额的组成见表 6-44。

表 6-44 时间定额的组成

时间定额的组成	代号	含义
基本时间	T_m	直接用于改变生产对象的尺寸、形状、相互位置,以及表面状态或材料性质等的工艺过程所消耗的时间
辅助时间	T_a	为实现工艺过程而必须进行的各种辅助动作所消耗的时间,例如装卸工件、开停机床、改变切削用量、测量工件以及进退刀等。 基本时间和辅助时间的总和称为作业时间,即直接用于制造产品零部件所消耗的时间
工作地服务时间	T_1	为使加工正常进行,工人照管工作地(如更换刀具、润滑机床、清理切屑、收拾工具等)所消耗的时间
休息和生理需要时间	T_r	工人在工作班内为恢复体力和满足生理上的需要所消耗的时间
准备和终结时间	T_e	为生产一批产品或零部件,进行准备和结束工作所消耗的时间

工序时间定额由五部分组成,其计算公式如下:

$$T_s = T_m + T_a + T_1 + T_r + T_e \tag{6-1}$$

式中:T_s——单件工序时间;

T_m——基本时间;

T_a——辅助时间,通常取 $T_a = (15\% \sim 20\%) T_m$;

T_1——工作地服务时间,通常取 $T_1 = (20\% \sim 25\%) T_m$;

T_r——生理需要时间,通常取 $T_r = (2\% \sim 6\%) T_m$;

T_e——准备终结时间,通常取 $T_e = (3\% \sim 5\%) T_m$。

6.2.3 基本时间计算

1. 车削与镗削(图 6-1)

$$T_m = \frac{L + L_1 + L_2}{nf} k \tag{6-2}$$

式中:L——工件切削部分长度,mm;

L_1——切入长度,mm;

L_2——切出长度,mm;

n——每分钟转数,r/min;

f——每转进给量,mm/r;

k——走刀次数。

普通车(镗)刀切入、切出长度见表 6-45。螺纹车刀、端面车刀切入、切出长度见表 6-46。

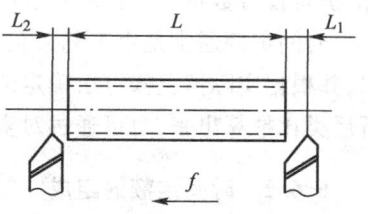

图 6-1 切入、切出长度

6.6 时间定额的确定   127

表 6-45 普通车(镗)刀切入、切出长度   mm

切深	切入长度				切出长度
	主偏角 30°	45°	60°	75°	
1	2	1	1	1	1
2	4	2	2	1	1
3	6	3	2	1	2
4	7	4	3	2	2
5	9	5	3	2	2

表 6-46 螺纹车刀、端面车刀切入、切出长度   mm

切削方式	切入长度	切出长度
通切螺纹	$L_1 = (2\sim3)P$　　(P—螺距)	2~3
不通切螺纹	$L_1 = (1\sim2)P$　　(P—螺距)	2~3
端面车削	3~5	2~3

2. 刨削(图 6-2)

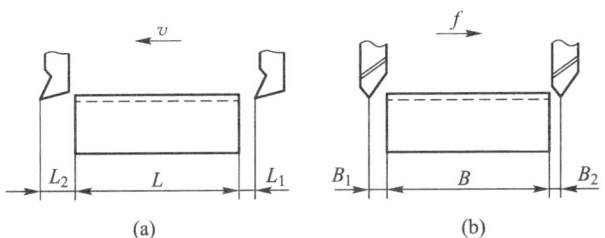

图 6-2 刨削时切入、切出长度及接近与离开宽度

$$T_m = \frac{B+B_1+B_2}{nf}k \qquad (6-3)$$

$$n = \frac{1\,000v}{(L+L_1+L_2)(1+K)} \qquad (6-4)$$

式中：T_m——基本时间，min；

　　　B——工件宽度，mm；

　　　B_1——接近宽度，mm；

　　　B_2——离开宽度，mm；

　　　n——工件(刀具)每分钟往复次数，$\min^{-1}$；

　　　f——每行程进给量，mm；

　　　k——走刀次数；

　　　v——切削速度，m/min；

L——工件切削部分长度,mm;
L_1——切入长度,mm;
L_2——切出长度,mm;
K——系数。

有关数据见表 6-47、表 6-48。

表 6-47　刨刀切入、切出长度及系数 K　　　　　　　　mm

机床	L	L_1+L_2	K
牛头刨	≤100	40	0.7~0.9
	>100~200	50	
	>200~300	60	
	>300	70	
龙门刨	≤2 000	200	0.4~0.7
	>2 000~4 000	200~330	

表 6-48　刨刀接近、离开宽度　　　　　　　　mm

切削深度	B_1+B_2		
	主偏角		
	45°	60°	75°
2	3	3	2
4	6	5	4
6	8	6	4
8	11	7	6

3. 钻（扩）削（图 6-3）

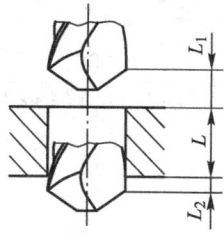

图 6-3　钻孔和扩孔的切入、切出长度

$$T_\mathrm{m}=\frac{L+L_1+L_2}{nf}k \tag{6-5}$$

式中各符号含义同前，f 为每转进给量，mm/r。

切入、切出长度数值见表 6-49。

表 6-49 钻孔和扩孔的切入、切出长度　　　　　　　　　　　mm

钻孔直径	L_1	L_2	扩孔切深	L_1	L_2
2	2	1	2	2	1
4	2	1	3	2	1
6	3	2	4	3	1
8	4	2	6	4	2
12	5	2	8	5	2
16	6	3	10	7	2
20	8	3	12	8	2
30	11	3	16	10	3

4. 铣削（图 6-4）

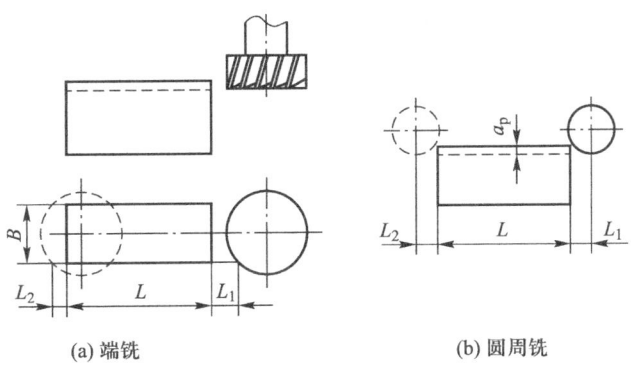

(a) 端铣　　　　　　　　(b) 圆周铣

图 6-4　铣削时切入、切出长度

$$T_m = \frac{L+L_1+L_2}{f_M}k \tag{6-6}$$

式中各符号含义同前，f_M 为每分钟进给量（mm/min）。

切入、切出长度数值见表 6-50。

表 6-50　铣削切入、切出长度　　　　　　　　　　　　mm

端铣						圆周铣					
切入切出长度	铣削宽度 B	铣刀直径				切入切出长度	铣削深度 a_p	铣刀直径			
		60	110	200	300			40	60	110	200
L_1	10	1				L_1	0.5	5	6	8	10
	20	2	2				1	7	8	11	15
	30	4	3	2			2	9	11	15	20
	40	8	4	2			3	11	13	18	25

续表

端铣						圆周铣					
切入切出长度	铣削宽度 B	铣刀直径				切入切出长度	铣削深度 a_p	铣刀直径			
		60	110	200	300			40	60	110	200
L_1	50	14	6	3		L_1	4	12	15	21	28
	100		32	14	9		5	13	17	23	32
	140			29	18		6		18	25	35
	180			56	30		7		19	27	37
	200			100	33		8		21	29	40
	250				67		10		23	32	44
	300				150		12		26	35	48
L_2	—	2	3	4	5	L_2	—	2	3	3	4

第7章 机床专用夹具设计

本章要点

夹具的功能及设计要求,机床专用夹具设计流程,夹具结构方案选择,定位误差分析,夹具总装配图绘制。

7.1 夹具的功能及设计要求

7.1.1 夹具的功能

夹具的功能包括:1)保证工件在该工序内的加工精度和加工质量。2)在缩短辅助时间的基础上提高生产率,降低加工成本。3)扩大机床的工艺范围。4)减轻工人劳动强度,改善劳动条件,保障操作安全。

7.1.2 夹具设计要求

夹具属于工艺装备,并非是产品,为了有效地降低成本,设计夹具时考虑最多的是经济因素。生产产品的品种多少和批量大小代表了不同的生产模式,在不同生产模式下经济性较好的夹具种类应作为夹具设计的首选方案,同时设计的夹具要求保证工件加工尺寸在工序完成后,达到工序尺寸/几何精度要求。

迄今为止,夹具经济性的分析研究还不够完善,设计者常常需要根据自己的经验来进行决策。下面介绍的方法可供设计者在决策时参考。

使用夹具加工时,工序成本可按下式计算:

$$E_{0F} = (C_{LF} + C_M) t_{SF} + \frac{C_F(1+ni)}{Q_a} \tag{7-1}$$

式中:E_{0F}——使用夹具加工时的工序成本,元;

C_{LF}——使用夹具加工时的每小时劳动力费用,元/h;

C_M——包括管理费用在内的机床机时费用,元/h;

t_{SF}——使用夹具加工时的单件工时,h;

n——夹具使用年限,年;

i——投资利息或利润率数值,年$^{-1}$;

Q_a——使用夹具加工的零件总数;

C_F——夹具成本,包括夹具设计费用、材料费用、加工费用、调整与装配费用、维护与保管费用等,元。

不使用夹具加工时,工序成本可按下式计算:

$$E_0 = (C_L + C_M) t_S \tag{7-2}$$

式中:E_0——不使用夹具加工时的工序成本,元;
C_L——不使用夹具加工时的每小时劳动力费用,元/h;
t_S——不使用夹具加工时的单件工时,h。

若 $E_{0F} \leqslant E_0$,则应使用夹具。

7.2 机床专用夹具设计流程

机床专用夹具是根据加工工件的工艺要求和生产纲领以及机床结构而专门设计的工艺装备,以实现工件在加工时的准确定位、夹紧、刀具导向等。这类夹具适合在产品相对固定的中、大批生产中使用。专用夹具设计流程如表 7-1 所示。

表 7-1 机床专用夹具设计流程

夹具设计阶段	夹具设计具体内容	备注
设计前期准备	资料收集	零件图、工序卡、机床等
	加工精度与工艺性分析	加工工步,定位基准
	切削力、夹紧力平衡计算	按静力平衡原理计算理论夹紧力
夹具结构方案选择	定位方案选择	定位元件,限制自由度
	辅助支承方式选择	增加定位稳定性、支承刚性
	对刀与引导方式选择	保证刀具正确位置,提高刀具系统支承刚性
	夹紧方案选择	夹紧力的大小、方向、作用点,克服切削力影响,使工件在加工中保持正确位置
	夹具体及其他部分结构形式选择	分度装置与锁紧
	结构方案的经济性分析	
夹具总装配图绘制	总体结构确定	按国家标准绘制,尽量采用 1:1 的比例
	定位元件结构绘制	定位尺寸与定位误差的分析与计算
	辅助支承结构绘制	辅助支承力的分析与计算
	对刀与引导装置结构绘制	对刀块/钻套/导套等,确定导向数量
	夹紧元件结构绘制	夹紧元件、传力机构、力源,计算夹紧力
	夹具体结构绘制	足够的刚度和强度,便于排屑,吊装,找正
	其他组成部分结构绘制	
	总图标注和技术要求	尺寸标注与技术条件
夹具零件图绘制	零件结构确定	
	技术要求确定	
	零件材料选择	

7.3 夹具结构方案选择

7.3.1 定位支承设计

1. 定位支承设计原则

夹具的定位支承系统用以确定被加工零件与刀具及其导向的相对正确位置,同时要承受被加工零件的重力、夹紧力,以及切削力。其尺寸、结构、精度和布置方式直接影响被加工零件的精度,设计时应遵循以下原则:

1) 遵循工件定位的六点定位原则,防止出现欠定位或过定位的原则性错误。
2) 选择合理的定位基准,力求与工艺基准重合,并尽量与设计基准重合,以减小定位误差。
3) 合理布置定位支承元件,力求提高定位精度,并使定位稳定、可靠。
4) 尽量使定位支承元件接近夹紧力的作用线,并保证夹紧力的合力中心处于定位支承面范围内。
5) 确保定位支承元件的强度和刚度,减少定位系统的变形,力求使定位元件(如定位销)不受力。
6) 确保支承系统具有较高的尺寸精度、配合精度、硬度和适中的表面粗糙度,并具有良好的耐磨性,以长期保持夹具的定位精度。
7) 确保定位支承部位的切屑能够可靠地排除,而不会堵塞或粘附在定位支承系统上,保证定位的准确性和工作的可靠性。

2. 常用定位支承元件

平面定位元件支承钉与支承板见图7-1,外圆定位元件V形块见图7-2,内圆柱孔定位元件圆柱销、菱形销、圆锥销见图7-3、图7-4。

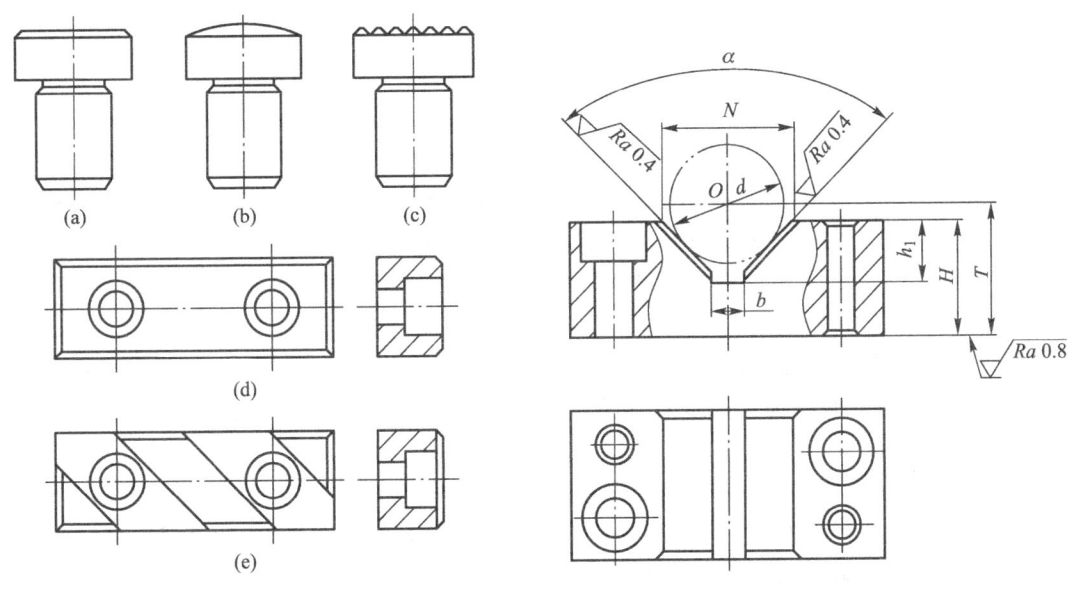

图 7-1 支承钉与支承板　　　　图 7-2 V形块

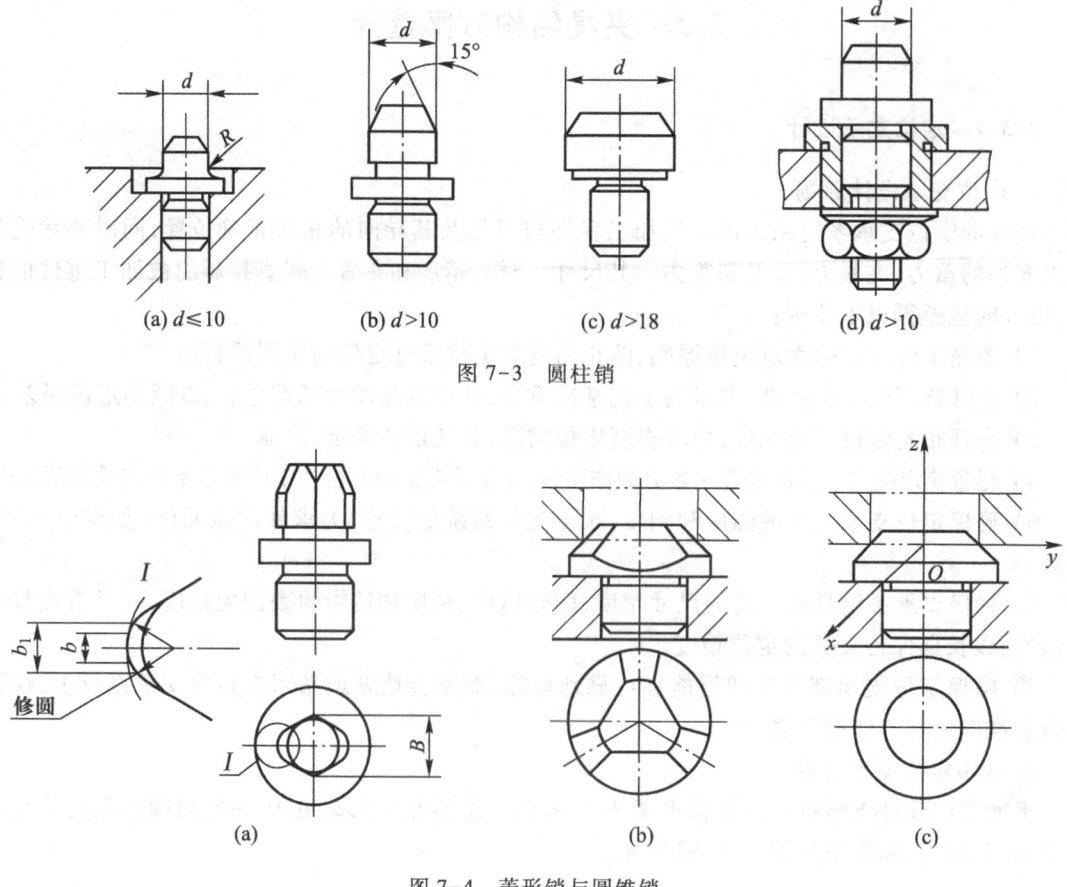

图 7-3 圆柱销

图 7-4 菱形销与圆锥销

7.3.2 夹紧机构设计

1. 夹紧机构

夹具上的夹紧机构用来消除工件在加工中受切削力或工件自重的作用而产生的位移与振动,使工件在加工中能够始终保持正确的位置。设计夹紧机构时遵循以下原则:

1) 夹紧机构应保证工件始终可靠地接触相应的定位基面,夹紧过程中不至于因工件重力或夹紧力的影响而破坏正确的定位,不能损伤已加工表面。

2) 夹紧机构应能够产生足够的夹紧力用于克服切削力的影响,使工件在加工中始终保持正确的定位位置,具备自锁性能。夹紧力不宜过大或过于集中,避免工件产生过大的变形,影响加工精度。

3) 夹紧机构应当具有适当的自动化程度,保证生产率,与工件的产量和批量相适应。

常用夹紧机构的特点见表 7-2。常用的螺旋夹紧示例如图 7-5 所示,图 7-5a~d 分别为螺钉夹紧、螺母夹紧、螺旋杆夹紧、钩形压板夹紧。

表 7-2 常用夹紧机构的特点

类型	工作原理	结构特点	应用范围
螺旋夹紧机构	以螺旋直接夹紧工件,或与其他元件(如压块、垫圈等)组合在一起夹紧工件	1)常用作自锁增力机构;2)结构简单,应用广泛;3)夹紧可靠、通用性大;4)分为螺钉夹紧和螺母夹紧两种形式	适用于手动夹紧或自动扳手夹紧,但因夹紧动作慢,在快速机动夹紧中应用较少
斜楔夹紧机构	利用斜楔的斜面移动所产生的压力夹紧工件	1)通过控制楔角可实现自锁;2)结构简单、应用广泛;3)夹紧可靠、调整方便;4)与其他机构联合使用可转变作用力的方向和大小;5)分为手动和机动两种形式	主要用于需要产生大的夹紧力,中、大批生产
偏心机构夹紧	以偏心轮表面或凸轮型面直接或通过中间传力机构来夹紧工件	1)夹紧行程增力比较小,自锁性能较差;2)结构简单,制造容易;3)夹紧迅速、操作方便;4)常用的有圆偏心轮、凸轮和端面凸轮	多用于手动夹紧,机动夹紧用得较少
铰链夹紧机构	利用铰链臂与杠杆原理直接夹紧工件	1)不具有自锁性能;2)结构简单,制造容易;3)夹紧迅速,操作方便;4)摩擦损失较小,多用作增力机构,增力倍数较大	适用于切削负荷轻而切削平稳的中、大批生产,常用于气压夹具
联动夹紧机构	由一个原始作用力来完成若干个夹紧动作的机构	1)能保证在多点、多向、多件上同时均匀地夹紧工件;2)各点的夹紧动作在机构上是联动的,辅助时间短,生产率高	广泛用于大批生产的夹具
定心夹紧机构	机床夹具中的一种特殊夹紧机构。它能在对工件的准确定心或对中的同时并夹紧	1)夹紧机构中与工件定位基准面相接触的元件既是定位元件,又是夹紧元件;2)在夹紧过程中能消除定位间隙,有较高的定位精度	广泛用于批量生产中需要自动定心的夹具
弹性定心夹紧机构	利用弹性元件在轴向受力后产生的均匀弹性变形使其外径胀大或内径缩小来实现其对工件内、外圆柱面进行自动定心夹紧	1)夹紧行程小;2)定心精度高	在精加工过程中得到广泛应用,如应用在批量生产中车削和磨削的半精加工和精加工

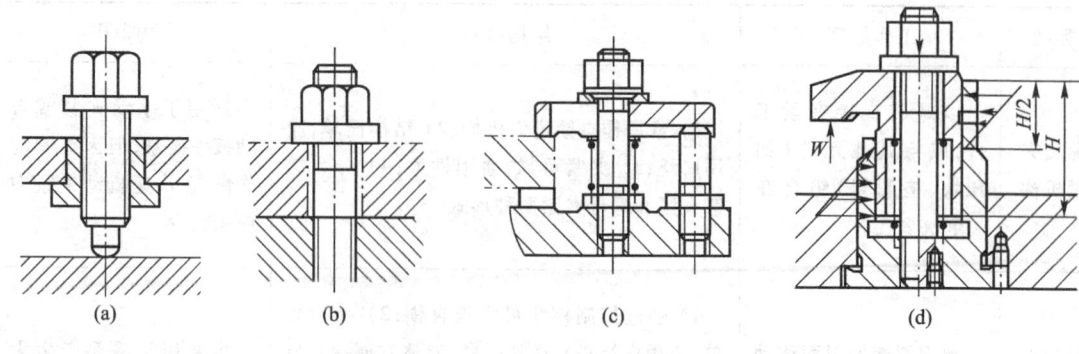

图 7-5 常用的螺旋夹紧示例

2. 夹紧装置

典型的夹紧装置主要由力源装置、中间传力装置和夹紧元件构成。力源分为气动、液压、电动等动力装置。中间传力机构是介于力源和夹紧元件之间的传力机构,能够根据需要改变夹紧作用力的方向和大小。夹紧元件是最终实现夹紧的执行元件,通过夹紧元件和工作受压面的直接接触而完成夹紧动作,如平压板、钩形压板、浮动压板等。

3. 夹紧力的计算

夹紧力包括大小、方向和作用点三个要素,需要合理确定,具体要求见表 7-3。在选择夹紧力的作用点及作用方向时,应满足:1)夹紧力的位置与作用方向有助于定位可靠,为保证工件的主要定位基准始终与夹具上的定位元件可靠接触,确定夹紧力的作用点应使工件对各个支承都有一定的压力;2)夹紧变形要小;3)保证在加工中,工件的振动小。

表 7-3 确定夹紧力的具体要求

夹紧力三要素	要求说明
大小	保证在加工过程中工件不产生松动,夹紧机构一般应有自锁作用
	避免工件产生不适当的夹紧变形和表面损伤
方向	作用方向垂直于主要定位基面,有利于工件的准确定位
	作用方向应尽量与切削力、工件重力方向一致,使所需夹紧力最小
	作用方向应尽量与工件刚度大的方向相一致,使工件变形尽可能小
作用点	作用点应正对支承元件或位于支承元件所形成的支承面内
	作用点应处于工件刚性较好的部位
	作用点应尽量靠近加工表面

计算夹紧力时,应根据工件所受切削力(或切削力矩)、摩擦力(或摩擦力矩)、夹紧力和支承力,对于大的工件还应考虑重力,对于运动的工件还应考虑惯性力等受力状况,按静力学平衡方程式求出夹紧力的理论数值,然后乘以一个安全系数 K,求出实际夹紧力。

7.3 夹具结构方案选择

（1）摩擦因数（表7-4）

表7-4　各种不同接触表面之间的摩擦因数

接触表面的形式	摩擦因数 f
接触表面均为加工过的光滑表面	0.15~0.25
工件表面为毛坯，夹具的支承面为球面	0.2~0.3
夹具夹紧元件的淬硬表面在沿主切削力方向上有齿纹	0.3
夹具夹紧元件的淬硬表面在垂直于主切削力方向上有齿纹	0.4
夹具夹紧元件在淬硬表面有相互垂直的齿纹	0.4~0.5
夹具夹紧元件的淬硬表面有网状齿纹	0.7~0.8

（2）安全系数

总的安全系数由考虑各种因素所需的安全系数来决定，一般安全系数 $K=1.5\sim2.5$，若夹紧力和切削力方向相反时，K 值不应小于 2.5。

$$K = K_0 K_1 K_2 K_3 K_4 \tag{7-3}$$

式中：K_0——基本安全系数，一般均取 1.5；

K_1——加工状态系数，粗加工 $K_1=1.2$，精加工 $K_1=1.0$；

K_2——刀具钝化系数，一般 $K_2=1.0\sim1.9$；

K_3——切削特点系数，连续切削 $K_3=1.0$，断续切削 $K_3=1.2$；

K_4——考虑夹紧动力稳定性系数，手动夹紧 $K_4=1.3$，机动夹紧 $K_4=1.0$。

（3）切削力计算

1）车削力计算

车削加工切削力的经验公式：

$$\begin{aligned} F_c &= C_{F_c} a_p^{x_{F_c}} f^{y_{F_c}} v^{n_{F_c}} K_{F_c} \\ F_p &= C_{F_p} a_p^{x_{F_p}} f^{y_{F_p}} v^{n_{F_p}} K_{F_p} \\ F_f &= C_{F_f} a_p^{x_{F_f}} f^{y_{F_f}} v^{n_{F_f}} K_{F_f} \end{aligned} \tag{7-4}$$

式中：F_c、F_p、F_f——切削力、背向力和进给力；

C_{F_c}、C_{F_p}、C_{F_f}——取决于工件材料和切削条件的系数；

x_{F_c}、y_{F_c}、n_{F_c}、x_{F_p}、y_{F_p}、n_{F_p}、x_{F_f}、y_{F_f}、n_{F_f}——三个分力公式中背吃刀量 a_p、进给量 f 和切削速度 v_c 的指数；

K_{F_c}、K_{F_p}、K_{F_f}——当实际加工条件与求得经验公式的试验条件不符时，各种因素对各切削分力的修正系数。

车削力公式中的系数和指数见表7-5。实际加工条件改变，包括刀具的前角、主偏角、后面磨损，切削速度，冷却润滑条件，材料硬度等变化时的修正系数见表7-6。

硬质合金车刀具加工外圆时，车削速度、车削力、车削功率的参考值见表7-7。

表 7-5 车削力公式中的系数和指数

加工材料	刀具材料	加工形式	主切削力 F_c				背向力 F_p				进给力 F_f			
			C_{F_c}	x_{F_c}	y_{F_c}	n_{F_c}	C_{F_p}	x_{F_p}	y_{F_p}	n_{F_p}	C_{F_f}	x_{F_f}	y_{F_f}	n_{F_f}
结构钢及铸铁 650MPa	硬质合金	外圆纵车、横车及镗孔	2 795	1.0	0.75	-0.15	1 940	0.9	0.6	-0.3	2 880	1.0	0.5	-0.4
		外圆纵切($\kappa_r=0°$)	3 570	0.9	0.9	-0.15	2 840	0.6	0.8	-0.3	2 050	1.05	0.2	-0.4
		切槽及切断	3 600	0.72	0.8	0	1 390	0.73	0.67	0				
	高速钢	外圆纵车、横车及镗孔	1 770	1.0	0.75	0	1 100	0.9	0.75	0	590	1.2	0.65	0
		切槽及切断	2 160	1.0	1.0	0								
		成形车削	1 855	1.0	0.75	0								
不锈钢 1Cr18Ni9Ti 141HBW	硬质合金	外圆纵车、横车及镗孔	2 000	1.0	0.75	0								
灰铸铁 190HBW	硬质合金	外圆纵车、横车及镗孔	900	1.0	0.75	0	530	0.9	0.75	0	450	1.0	0.4	0
		外圆纵切($\kappa_r=0°$)	1 200	1.0	0.85	0	600	0.6	0.5	0	235	1.05	0.2	0
	高速钢	外圆纵车、横车及镗孔	1 120	1.0	0.75	0	1 165	0.9	0.75	0	500	1.2	0.65	0
		切槽及切断	1 550	1.0	1.0	0								
可锻铸铁 150HBW	硬质合金	外圆纵车、横车及镗孔	795	1.0	0.75	0	420	0.9	0.75	0	375	1.0	0.4	0
	高速钢	外圆纵车、横车及镗孔	980	1.0	0.75	0	865	0.9	0.75	0	390	1.2	0.65	0
		切槽及切断	1 375	1.0	1.0	0								
中等硬度不均质铜合金 120HBW	高速钢	外圆纵车、横车及镗孔	540	1.0	0.66	0								
		切槽及切断	735	1.0	1.0	0								
铝及铝硅合金	高速钢	外圆纵车、横车及镗孔	390	1.0	0.75	0								
		切槽及切断	490	1.0	1.0	0								

注：刀具切削部分几何参数：硬质合金刀具 $\kappa_r=45°$、$\gamma_0=10°$、$\lambda_s=0°$；高速钢刀具 $\kappa_r=45°$、$\gamma_0=20°\sim25°$、刀尖圆弧半径 $r_\varepsilon=2$ mm。

7.3 夹具结构方案选择

表 7-6 修 正 系 数

序号	修正系数		前角不同时的修正系数(硬质合金刀具)									
		γ_0	$-15°$	$-10°$	$-5°$	$-0°$	$5°$	$10°$	$15°$	$20°$	$25°$	$30°$
1	K_γ	K_{rpz}	1.4	1.4	1.2	1.1	1.1	1	0.9	0.9	0.8	0.8
		K_{rpx}	—	2.1	1.8	1.6	1.3	1	0.8	0.6	0.5	0.4
		K_{rpy}	—	2.6	2.1	1.6	1.3	1	0.8	0.6	0.5	0.4

		主偏角不同时的修正系数					
		κ_r	$30°$	$45°$	$60°$	$75°$	$90°$
2	$K_{\varphi pz}$	加工钢	1.1	1	1.0	1.0	1.0
		铸铁	1.1	1	1.0	0.9	0.9
	$K_{\varphi py}$	钢	1.6	1	0.7	0.5	0.4
		铸铁	1.2	1	0.9	0.8	0.7
	$K_{\varphi px}$	钢	0.7	1	1.3	1.5	1.8
		铸铁	0.6	1	1.1	1.2	1.3

		刀尖半径不同时的修正系数					
		K_r	$r = 0.5$ mm	1	1.5	2	3	5
3	K_{rpz}	加工钢	0.9	0.9	1.0	1	1.0	1.1
		铸铁	0.9	0.9	1.0	1	1.0	1.1
	K_{rpy}	钢	0.7	0.8	0.9	1	1.1	1.3
		铸铁	0.8	0.9	0.9	1	1.1	1.2
	K_{rpx}	钢	1	1	1	1	1	1
		铸铁	1	1	1	1	1	1

		后刀面磨损限度不同时的修正系数					
		K_Δ	$\Delta = 0.5$ mm	0.5	1	2	4
4	$K_{\Delta pz}$	加工钢	1.0	0.9	1.0	1	/
		铸铁	1.0	1.0	1.0	1	1.2
	$K_{\Delta py}$	钢	0.7	0.5	0.6	1	/
		铸铁	0.6	0.6	0.7	1	1.8
	$K_{\Delta px}$	钢	0.5	0.6	0.7	1	/
		铸铁	0.7	0.71	0.8	1	1.6

		切削速度不同时的修正系数					
		K_v	$v \leqslant 50$ m/min	100	150	200	250	300
5	K_{Vpz} K_{Vpy} K_{Vpx}	加工钢	1	0.9	0.9	0.8	0.8	0.8
		铸铁	1	1.0	0.9	0.9	0.8	0.8

		不同冷却润滑条件时的修正系数				
		无	水	矿物油	植物油	流化矿物油	流化植物油
6	$K_{冷}$	1	1.0	0.9	0.8	0.8	0.8

		材料强度或硬度不同时的修正系数		
		结构钢和铸钢	灰铸铁	可锻铸铁
7	$K_{料}$ K_{MF}	$\left(\dfrac{\sigma_b}{650}\right)^{n_F}$	$\left(\dfrac{HBW}{190}\right)^{n_F}$	$\left(\dfrac{HBW}{150}\right)^{n_F}$

表 7-7 硬质合金车刀车削速度、车削力及车削功率

工件材料	进给量 f /(mm/r)	切削深度/mm											
		0.5			1.0			1.5			3		
		v/(m/min)	F_c/N	P/kW	v/(m/min)	F_c/N	P/kW	v/(m/min)	F_c/N	P/kW	v/(m/min)	F_c/N	P/kW
碳素钢 σ_B = 700~800 MPa	0.15							107	64	1.1			
	0.20	119	31	0.61	108	53	0.94	97	80	1.3			
	0.25	106	36	0.62	100	63	1	90	95	1.4	76	189	2.3
	0.30	96	41	0.64	89	72	1.1	80	108	1.4	67	216	2.4
	0.40				73	90	1.1	66	134	1.5	56	269	2.4
	0.50							57	159	1.5	48	318	2.5
	0.60							51	182	1.5	43	364	2.5
	0.70										39	407	2.6
	0.80										35	449	2.6
	1.00										31	535	2.7
	1.20										27	612	2.7
灰铸铁 HBW 190~210	0.08	141	6.9	0.16	128	14	0.29	122	21	0.4	118	28	0.54
	0.10	134	8.2	0.19	122	16	0.32	117	24	0.46	108	33	0.58
	0.15	124	11.2	0.23	113	22	0.41	108	33	0.59	104	44	0.75
	0.20	117	13.7	0.26	107	28	0.49	101	42	0.7	97	56	0.9
	0.25	112	16.3	0.30	103	33	0.56	97	49	0.78	94	66	1.0
	0.30				97	38	0.6	94	57	0.88	90	76	1.1
	0.40				82	46	0.6	88	69	1.0	85	92	1.3
	0.50							83	85	1.15	81	109	1.4
	0.60							78	93	1.19	78	126	1.6
	0.70										69	140	1.6
	0.80										69	155	1.7
	1.00										55	276	2.5

2) 钻削力计算公式

轴向力: $$F_f = C_p D f^{Y_p} \text{ (N)} \tag{7-5}$$

扭矩: $$M = C_M D^{1.9} f^{0.8} \text{ (N·mm)} \tag{7-6}$$

式中：D——钻头直径，mm；

f——每转进给量，mm/r。

计算公式中的基本参数见表 7-8，修正系数见表 7-9。

表 7-8 基 本 参 数

工件材料		C_p	C_M	Y_p
钢	用冷却润滑液	847	338	0.7
	不用冷却润滑液	1 100	440	0.9
铸铁	不用冷却润滑液	605	233	0.8

表 7-9 修 正 系 数

序号	修正系数		材料强度或硬度不同时的修正系数					
1	钢	$K_{料p}=K_{料M}$	σ_p(400~500)	σ_p(500~600)	σ_p(600~700)	σ_p(700~800)	σ_p(800~900)	σ_p(900~1 000)
			0.7	0.8	0.9	1	1.1	1.2
	铸铁	$K_{料p}=K_{料M}$	140~160 HB	160~180 HB	180~200 HB	200~220 HB	220~240 HB	240~260 HB
			0.9	0.9	1	1.1	1.1	1.2
			主偏角不同时的修正系数					
	修正系数		45°		60°		75°	
2	钢	$K_{\varphi P}$	1		1		1.1	
		$K_{\varphi M}$	1.2		1		0.8	
	铸铁	$K_{\varphi P}$	0.7		1		1.3	
		$K_{\varphi M}$	1.2		1		0.9	

用高速钢钻头在实体材料钻孔时，钻削力、扭矩、功率的参考值见表 7-10。

表 7-10 用高速钢钻头在实体材料钻孔时钻削力、扭矩及功率的参考值

加工材料	钻头直径/mm	切削速度 v/(m/min)	转速 n/(r/min)	进给量 f/(mm/r)	进给量 f_M/(mm/min)	切削力 F/N	扭矩 M/(N·m)	功率 P/kW
碳素钢	8	12.8	512	0.20	102	242	985	0.52
		14.2	572	0.15	86	195	795	0.47
		16.6	668	0.10	67	143	592	0.41

续表

加工材料	钻头直径 /mm	切削速度 v /(m/min)	转速 n /(r/min)	进给量 f /(mm/r)	进给量 f_M /(mm/min)	切削力 F /N	扭矩 M /(N·m)	功率 P /kW
碳素钢	10	12.0	387	0.25	96	361	1 730	0.68
		13.6	432	0.18	78	279	1 350	0.60
		16.0	516	0.12	62	204	991	0.52
	15	11.3	241	0.30	72	623	3 999	0.99
		13.6	290	0.20	58	454	2 970	0.89
		15.5	330	0.15	50	365	2 410	0.82
	20	10.0	159	0.35	56	935	7 400	1.21
		11.7	186	0.25	47	721	5 790	1.10
		13.6	216	0.18	39	557	4 460	0.99
	25	9.1	116	0.40	46	1 300	12 200	1.45
		10.4	133	0.30	40	1 041	9 750	1.34
		12.5	197	0.20	39	757	7 260	1.46
	30	8.4	91	0.45	37	1 708	17 790	1.66
		9.4	99	0.35	30	1 404	14 800	1.55
		12.2	130	0.20	26	909	9 850	1.31
灰铸铁	4	27	2 190	0.18	394	63	83	0.19
		37	3 010	0.12	360	48	60	0.18
		41	3 330	0.10	333	39	52	0.17
	8	26	1 031	0.30	310	191	467	0.5
		35	1 391	0.20	278	138	335	0.48
		44	1 745	0.15	261	107	262	0.47
	12	23	621	0.40	248	361	1 275	0.81
		26	690	0.30	207	287	1 011	0.72
		31	798	0.20	160	207	729	0.59
	16	22	438	0.5	219	572	2 619	1.18
		25	498	0.35	174	432	1 970	1.01
		29	578	0.25	145	330	1 510	0.99
	20	22	334	0.55	184	774	4 335	1.48
		24	383	0.40	153	610	3 360	1.32
		30	462	0.25	116	412	2 305	1.09
	30	20	213	0.75	160	1 488	11 950	2.61
		23	245	0.55	135	1 160	9 300	2.34
		28	287	0.35	100	808	6 490	1.91

3) 铣削力计算公式

铣削力计算公式见表 7-11,修正系数见表 7-12。

表 7-11 铣削力计算公式

加工材料	铣刀及铣削方式	圆周铣削力 F_c
钢	周铣刀、立铣刀、端铣刀(不对称铣削、铣刀轴落在 t 外者)、三面刃铣刀、槽铣刀	$F_c = 68.2 a_p^{0.36} B Z f_z^{0.72} D^{-0.86}$
钢	端铣刀(对称铣削,或不对称铣面铣刀轴落在 t 内者)	$F_c = 82.4 a_p^{1.1} B^{0.95} Z f_z^{0.8} D^{-1.1}$
铸铁	周铣刀、立铣刀、端铣刀(不对称铣削、铣刀轴落在 t 外者)、三面刃铣刀、槽铣刀	$F_c = 30 a_p^{0.82} B Z f_z^{0.65} D^{-0.83}$
铸铁	端铣刀(对称铣削,或不对称铣面铣刀轴落在 t 内者)	$F_c = 50 a_p^{1.14} B^{0.9} Z f_z^{0.72} D^{-1.14}$

注:Z—刀齿数;f_z—每齿进给量;D—铣刀直径;a_p、B—铣削深度和铣削宽度,随铣削方式不同而异。

表 7-12 修 正 系 数

	修正系数	主偏角不同时的修正系数					
1	主偏角	15°	30°	45°	60°	70°	90°
1	$K_{\varphi p}$	1.2	1.2	1.1	1	1.0	1.1
		速度不同时的修正系数					
2	速度/(m/min)	100	200	300	400	500	600
2	$K_{VP(+r)}$	1	0.9	0.9	0.8	0.8	0.8
2	$K_{VP(-r)}$	1	0.9	0.8	0.8	0.7	0.7

7.3.3 夹具体设计

夹具体是夹具的基础件,夹具所需的定位元件、夹紧元件等各种元件、机构和装置都安装在夹具体上。夹具体设计应满足以下条件:

1) 有足够的强度和刚度,以保证在机械加工过程中,在受到夹紧力和切削力等外力作用下,产生不允许的变形和振动。

2) 力求结构简单,具有良好的工艺性,特别对于移动和翻转的夹具,重量不宜过大,要便于操作。

3) 尺寸精度要稳定,对于铸造夹具体,要进行二次时效处理;对于焊接夹具体,要进行退火处理,以消除内应力,保证具体加工尺寸的稳定。

4) 便于排屑,防止加工过程中切屑聚集在定位元件工作表面或其他装置中,影响工件的正确定位和夹紧。

夹具体的毛坯结构及尺寸参考值见表7-13、表7-14。

表 7-13 夹具体的毛坯结构

结构类型	特点	应用
铸造结构	可铸出复杂的结构形状,抗压强度大,抗振性好。易于加工,但制造周期长,易产生内应力,故应进行时效处理。材料多采用 HT150 或 HT200	适用于切削负荷大,振动大的场合或批量生产
焊接结构	制造容易,生产周期较短,成本较低,热变形较大,焊接后需退火处理	适用于新产品试制或单件、小批生产
装配结构	选用标准毛坯件、型材经加工或标准部件组合而成	特殊用途夹具,或供急需之用

表 7-14 夹具体结构尺寸的经验数据

夹具体结构部位	经验数据	
	铸造结构	焊接结构
夹具体壁厚 h	8~25 mm	6~10 mm
夹具体加强筋厚度	$(0.7~0.9)h$	
夹具体加强筋高度	$\leq 5h$	
夹具体上不加工的毛面与工件表面之间的间隙	夹具体是毛面,工件也是毛面时,取 8~15 mm;夹具体是毛面,工件是光面时,取 4~10 mm	

7.3.4 夹具组成元件及其标准

夹具组成元件中的定位件、支承件、夹紧件、导向件、对刀块、操作件及其标准见表7-15。

表 7-15 机床夹具组成元件及其标准

类别	子类	子类细分	标准号	材料
定位件	定位销及定位插销	小定位销	JB/T 8014.1—1999	T8
		固定式定位销	JB/T 8014.2—1999	T8,20
		可换定位销	JB/T 8014.3—1999	T8,20
		定位插销	JB/T 8015—1999	T8,20
	定位轴	车床用定位轴	JB/T 10115—1999	T8
		锥度芯轴	JB/T 10116—1999	T10A
	键	定位键	JB/T 8016—1999	45
		定向键	JB/T 8017—1999	45

续表

类别	子类	子类细分	标准号	材料
定位件	V形块	V形块	JB/T 8018.1—1999	20
		固定V形块	JB/T 8018.2—1999	20
		调整V形块	JB/T 8018.3—1999	20
		活动V形块	JB/T 8018.4—1999	20
	挡块	导板	JB/T 8019—1999	20
		薄挡板	JB/T 8020.1—1999	45
		厚挡板	JB/T 8020.2—1999	45
		中心孔块		W18Cr4V
	定位器	手拉式定位器	JB/T 8021.1—1999	
		枪栓式定位器	JB/T 8021.2—1999	
		齿条式定位器		
		内胀器	JB/T 8022.1—1999	
		可调定心内胀器	JB/T 8021.2—1999	
支承件	标准支承件	支承钉	JB/T 8029.2—1999	T8
		六角头支承	JB/T 8026.1—1999	45
		顶压支承	JB/T 8026.2—1999	45
		圆柱头调节支承	JB/T 8026.3—1999	45
		调节支承	JB/T 8026.4—1999	45
		球头支承	JB/T 8026.5—1999	45
		螺钉支承	JB/T 8026.6—1999	45
		支柱	JB/T 8027.1—1999	45
		低支脚	JB/T 8028.1—1999	45
		高支脚	JB/T 8028.2—1999	45
		支承板	JB/T 8029.1—1999	T8
		支板	JB/T 8030—1999	45
		螺钉用垫板	JB/T 8042—1999	45
	非标准支承	长圆头支承钉		45
		锥体支承钉		45
	辅助支承	自动调节支承	JB/T 8026.7—1999	
		推引式辅助支承		

续表

类别	子类	子类细分	标准号	材料
夹紧件	压块、压板	光面压块	JB/T 8009.1—1999	45
		槽面压块	JB/T 8009.2—1999	45
		圆压块	JB/T 8009.3—1999	45
		弧形压块	JB/T 8009.4—1999	45
		移动压板	JB/T 8010.1—1999	45
		转动压板	JB/T 8010.2—1999	45
		移动弯压板	JB/T 8010.3—1999	45
		转动弯压板	JB/T 8010.4—1999	45
		移动宽头压板	JB/T 8010.5—1999	45
		转动宽头压板	JB/T 8010.6—1999	45
		偏心轮用压板	JB/T 8010.7—1999	45
		偏心轮用宽头压板	JB/T 8010.8—1999	45
		平压板	JB/T 8010.9—1999	45
		弯头压板	JB/T 8010.10—1999	45
		U形压板	JB/T 8010.11—1999	45
		鞍形压板	JB/T 8010.12—1999	45
		直压板	JB/T 8010.13—1999	45
		铰链压板	JB/T 8010.14—1999	45
		回转压板	JB/T 8010.15—1999	45
		双向压板	JB/T 8010.16—1999	45
		自调式压板	JB/T 8010.17—1999	
		钩形压板	JB/T 8012.1—1999	
		钩形压板(组合)	JB/T 8012.2—1999	
		立式钩形压板	JB/T 8012.3—1999	
		端面钩形压板(组合)	JB/T 8012.4—1999	
		侧面钩形压板(组合)	JB/T 8012.5—1999	
		卧式钩形压板(组合)		
	偏心轮	圆偏心轮	JB/T 8011.1—1999	20
		叉形偏心轮	JB/T 8011.2—1999	20
		单面偏心轮	JB/T 8011.3—1999	20
		双面偏心轮	JB/T 8011.4—1999	20
		偏心轮用垫板	JB/T 8011.5—1999	20

续表

类别	子类	子类细分	标准号	材料
夹紧件	支座、支柱	铰链轴	JB/T 8033—1999	45
		铰链支座	JB/T 8034—1999	45
		铰链叉座	JB/T 8035—1999	45
		螺钉支座	JB/T 8036.1—1999	45
		可调支座	JB/T 8036.2—1999	
		万能支座	JB/T 8027.2—1999	
		挡柱	JB/T 10128—1999	
	夹具专用螺钉与螺栓	压紧螺钉	JB/T 8006.1—1999	45
		六角头压紧螺钉	JB/T 8006.2—1999	45
		固定手柄压紧螺钉	JB/T 8006.3—1999	
		活动手柄压紧螺钉	JB/T 8006.4—1999	
		钻套螺钉	JB/T 8045.5—1999	45
		镗套螺钉	JB/T 8046.3—1999	45
		球头螺栓	JB/T 8007.1—1999	45
		T形槽快卸螺栓	JB/T 8007.2—1999	45
		钩形螺栓	JB/T 8007.3—1999	45
		起重螺栓	JB/T 8025—1999	45
		双头螺栓	JB/T 8007.4—1999	35
		槽用螺栓	JB/T 8007.5—1999	45
	夹具专用螺母	带肩六角螺母	JB/T 8004.1—1999	45
		球面带肩螺母	JB/T 8004.2—1999	45
		连接螺母	JB/T 8004.3—1999	45
		调节螺母	JB/T 8004.4—1999	45
		带孔滚花螺母	JB/T 8004.5—1999	45
		菱形螺母	JB/T 8004.6—1999	45
		内六角螺母	JB/T 8004.7—1999	45
		手柄螺母	JB/T 8004.8—1999	45
		回转手柄螺母	JB/T 8004.9—1999	45
		多手柄螺母	JB/T 8004.10—1999	45
		T形槽用螺母	JB/T 8004.11—1999	45
		压入式螺纹衬套	JB/T 8005.1—1999	45
		旋入式螺纹衬套	JB/T 8005.2—1999	45
		握手螺母		45
		滚花六角头螺母		45

续表

类别	子类	子类细分	标准号	材料
夹紧件	夹紧专用垫圈	悬式垫圈	JB/T 8008.1—1999	45
		十字垫圈	JB/T 8008.2—1999	45
		十字垫圈用垫圈	JB/T 8008.3—1999	45
		转动垫圈	JB/T 8008.4—1999	45
		快换垫圈	JB/T 8008.5—1999	45
		拆卸垫	JB/T 8040—1999	45
导向件	钻套	固定钻套	JB/T 8045.1—1999	T10A,20
		钻套用衬套	JB/T 8045.4—1999	T10A,20
		可换钻套	JB/T 8045.2—1999	T10A,20
		快换钻套	JB/T 8045.3—1999	T10A,20
		薄壁钻套	JB/T 8013.2—1999	CrMn
	其他导向件	镗套	JB/T 8046.1—1999	20,HT200
		镗套用衬套	JB/T 8046.2—1999	20
		定位衬套	JB/T 8013.1—1999	T8,20
		回转导套		CrMn
对刀块及塞尺	对刀块	圆形对刀块	JB/T 8031.1—1999	20
		方形对刀块	JB/T 8031.2—1999	20
		直角对刀块	JB/T 8031.3—1999	20
		侧装对刀块	JB/T 8031.4—1999	20
	塞尺	对刀平塞尺	JB/T 8032.1—1999	T8
		对刀圆柱塞尺	JB/T 8032.2—1999	T8
操作件	夹具常用操作件	滚花把手	JB/T 8023.1—1999	Q235A
		星形把手	JB/T 8023.2—1999	ZG45
		活动手柄	JB/T 8024.1—1999	Q235A
		固定手柄	JB/T 8024.2—1999	Q235A
		握柄	JB/T 8024.3—1999	Q235A
		焊接手柄	JB/T 8024.4—1999	Q235A
		U形手柄		Q235
		装配手柄		Q235
		杠杆式手柄	JB/T 8024.5—1999	45

续表

类别	子类	子类细分	标准号	材料
操作件	其他操作件	手柄	JB/T 7270.1—2014	35,Q235A
		曲面手柄	JB/T 7270.2—2014	35,Q235A
		直手柄	JB/T 7270.3—2014	35,Q235A
		转动手柄	JB/T 7270.5—2014	35
		球头手柄	JB/T 7270.8—2014	35,Q235A
		单柄对重手柄	JB/T 7270.9—2014	35
		手柄球	JB/T 7271.1—2014	塑料
		指示手柄球	JB/T 7271.2—2014	35,Q235A
		定位手柄座	JB/T 7272.4—2014	35,Q235A
		星形把手	JB/T 7274.4—2014	塑料
		嵌套	JB/T 7275—2014	Q235A

7.4 定位误差分析

在夹具上装夹工件时会产生装夹误差。装夹误差包括定位误差和夹紧误差。定位误差是由于工件在夹具上(或机床上)定位不准确而引起的加工误差。

定位误差的来源主要有以下两方面：

1) **基准位置误差** 由于工件的定位表面或夹具上的定位元件制作不准确引起的定位误差，也称为定位副制造不准确产生的基准位置误差，定位副制造不准确包括工件的定位基准表面制造不准确和夹具定位元件表面制造不准确。

2) **基准不重合误差** 由于工件的工序基准与定位基准不重合而引起的定位误差。

采用调整法加工一批零件时，刀具相对于夹具的调刀基准要预先调整好位置然后进行加工，调刀基准一般选择夹具上某个定位元件的定位工作面。用夹具装夹加工一批零件时，一批零件的工序基准(设计基准)相对于夹具的调刀基准在工序尺寸方向上的最大位置变化量就是加工该工序尺寸的定位误差。

分析计算定位误差的步骤如下：

1) 由工序尺寸找到工序基准；
2) 由工件上的定位面找到工件定位基准；
3) 由确定刀具位置的夹具上的定位工作面找到调刀基准，分别求出基准位置误差(由于工件定位表面或夹具定位元件制造误差，引起在加工一批零件时，定位基准相对夹具上的调刀基准位置发生变化，产生基准位置误差)和基准不重合误差(工件的工序基准与定位基准的不重合)，再求出其在加工工序尺寸方向上的代数和。

以图 7-6 定位心轴水平放置产生的定位误差为例,工件的工序尺寸为 H,工序基准为内孔轴线,工件定位面为内孔内圆柱面,定位元件为心轴,定位基准为心轴轴线,定位元件的定位面为心轴外圆柱面,理论上内孔轴线与心轴轴线重合,设计基准与定位基准重合。实际上,由于定位副的制造误差会产生基准位置误差,同时,对于心轴水平放置,由于重力作用,使得工件孔与夹具定位心轴保持固定边接触,定位基准由心轴轴线变化为内孔与心轴固定边接触的单边母线(图中 A 处),工序基准为内孔轴线,会产生基准不重合误差($\Delta D/2$)。

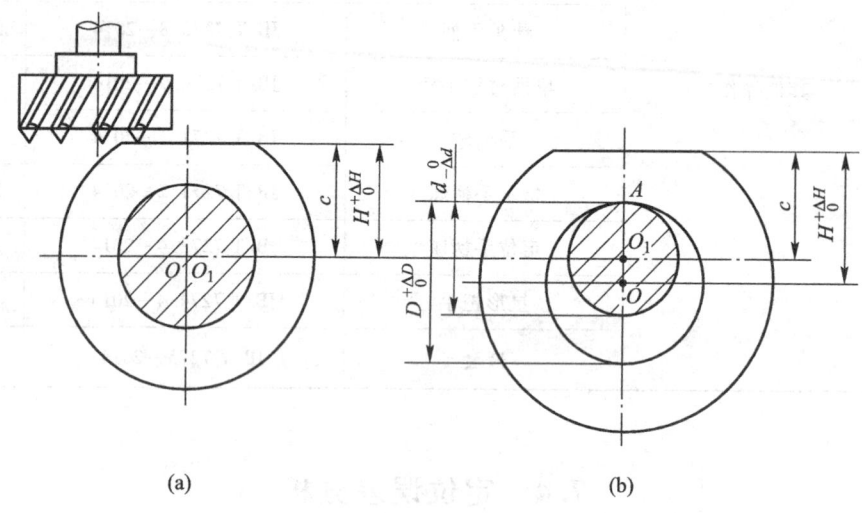

图 7-6 定位心轴(销)水平放置产生的定位误差

基准位置误差求解的关键是确定调整刀具的基准,到底是定位心轴的固定接触单边母线,还是定位心轴的轴线。

1) 如果调刀基准是定位心轴的单边母线,调刀基准与定位基准重合,基准位置误差为 0(教材说的就是这种情况),定位误差为 $\Delta D/2$。

2) 如果调刀基准是定位心轴的轴线,调刀基准与定位基准不重合,在工序尺寸方向上基准位置误差为 $\Delta d/2$。定位误差为 $(\Delta D+\Delta d)/2$。

7.5 夹具总装配图绘制

7.5.1 总装配图的绘制要求

夹具总图按国家制图标准绘制,比例尽量选 1∶1,主视图应选取面对操作者的工作位置。用细双点画线在主要视图中绘制工件的轮廓外形和主要表面(如定位基准面、夹紧表面、待加工面等),用网格线或粗实线标示被加工表面的加工余量。将工件视为透明体,不影响夹具元件的绘制。总装配图上的视图配置和选择,应能完整地表达整个夹具的各部分结构。

7.5.2 总装配图的标注

1. 尺寸标注

1) 夹具外形轮廓总体尺寸，一般指夹具的最大外轮廓尺寸。当夹具结构中有可动部分时，还应包括可动部分处于极限位置时在空间所占尺寸，如升降、回转、摆动夹具，标出极限位置、回转半径；操纵手柄等运动零、部件的运动极限位置。以表明夹具的轮廓大小和运动范围，便于检查夹具和机床、刀具的相对位置有无干涉现象。

2) 工件与定位元件的联系尺寸，工件定位基准与定位元件间的配合尺寸。不仅要标出基本尺寸，还要标注精度等级和配合种类。如定位基准孔与定位销（或心轴）间的配合尺寸，夹具重要元件间（如定位销与夹具体、固定衬套与支架、可换导套与固定衬套、伸缩销与导向套、铰链轴与支座等）的配合尺寸。

3) 夹具和刀具的联系尺寸，用于确定夹具上对刀、引导元件的位置。如对刀元件与定位元件间的位置尺寸（如对刀块工作面到定位表面的距离尺寸）引导元件与定位元件间的位置尺寸（如导套位置尺寸），以及导套与刀具导向部分的配合尺寸。

4) 夹具与机床连接部分的尺寸。如铣、刨夹具，应标注定位键与机床工作台的 T 形槽的配合尺寸；车床夹具与主轴的配合、连接尺寸；连接螺钉位置尺寸和中心距；定位销的位置尺寸。标注尺寸时，还应以夹具上的定位元件作为相互位置尺寸的基准。

5) 其他装配尺寸、夹具内部的配合尺寸以及某些夹具元件在装配后需要保持的相关尺寸。如定位元件与定位元件（如圆柱销与菱形销）之间的位置尺寸；定位元件与导向元件之间的位置尺寸（如导套中心至定位块的距离）；导向元件之间的位置或距离尺寸。

2. 公差标注

夹具上有关尺寸公差和几何公差通常取工件上相应公差的 $1/5 \sim 1/2$。当生产批量较大时，考虑夹具磨损，应取较小值；当工件本身精度较高，为使夹具制造不十分困难，可取较大值。当工件上相应的公差为自由公差时，夹具有关尺寸公差常取 ± 0.1 mm 或 ± 0.05 mm，角度公差（包括位置公差）常取 $\pm 10'$ 或 $\pm 5'$。确定夹具公差带时，还应注意保证夹具的平均尺寸与工件上相应的平均尺寸一致，即保证夹具上有关尺寸的公差带刚好落在工件上相应尺寸公差带的中间。

按工件公差选取夹具公差的参考值见表 7-16。

表 7-16 按工件公差选取夹具公差的参考值

夹具形式	工件被加工尺寸的公差/mm				
	0.03~0.10	0.10~0.20	0.20~0.30	0.30~0.50	自由尺寸
车床夹具	1/4	1/4	1/5	1/5	1/5
钻床夹具	1/3	1/3	1/4	1/4	1/5
镗床夹具	1/2	1/2	1/3	1/3	1/5

3. 技术条件标注

（1）不便以尺寸公差、几何公差标注的内容，可用文字标在技术条件中。参见表 7-17。夹具总图上标注的技术条件通常有以下几方面：

表 7-17 夹具技术要求举例

夹具简图	技术要求	夹具简图	技术要求
	1. A 面对 Z 轴线（锥面或顶尖孔连线）的垂直度公差…… 2. B 面对 Z 轴线（锥面或顶尖孔连线）的同轴度公差……		1. 检验棒 A 对 L 面的平行度公差…… 2. 检验棒 A 对 D 面的平行度公差……
	1. A 面对 L 面的平行度公差…… 2. B 面对止口面 N 的同轴度公差…… 3. B 面对 C 面的同轴度公差…… 4. B 面对 A 面的垂直度公差……		1. B 面对 L 面的平行度公差…… 2. G 轴线对 L 面的垂直度公差…… 3. B 面对 A 面的垂直度公差…… 4. G 轴线对 B 轴线的最大偏移量……
	1. B 面对 L 面的垂直度公差…… 2. K 面（找正孔）对 N 面的同轴度公差…… 3. N 面对 L 面的垂直度公差……		1. B 面对 L 面的平行度公差…… 2. A 对 D 面的平行度公差…… 3. U、V 轴线对 L 面的垂直度公差……
	1. A 面对 L 面的平行度公差…… 2. B 面对 D 面的平行度公差…… 3. D 面对 L 面的垂直度公差……		1. A 面对 L 面的平行度公差…… 2. G 面对 A 面的平行度公差…… 3. G 面对 D 面的平行度公差…… 4. B 面对 D 面的同垂直公差……

1) 定位元件与定位元件定位表面之间的相互位置精度要求；
2) 定位元件的定位表面与夹具安装面之间的相互位置精度要求；
3) 定位元件的定位表面与引导元件工作表面之间的相互位置精度要求；
4) 引导元件与引导元件工作表面之间的相互位置精度要求；
5) 定位元件的定位表面或引导元件的工作表面对夹具找正基准面的位置精度要求；
6) 与保证夹具装配精度有关的或与检验方法有关的特殊技术要求。

（2）其他，如：

1）夹具应在××转速下进行动平衡，其不平衡重不大于××g·cm。

2）夹具不加工外表面喷漆，颜色同机床颜色。

3）四块支承板定位面装配后一次磨削，要求平面度误差不大于 0.01 mm，与夹具底面平行度误差不大于 0.02 mm。

加工连杆小头孔夹具装配图示例见图 7-7。

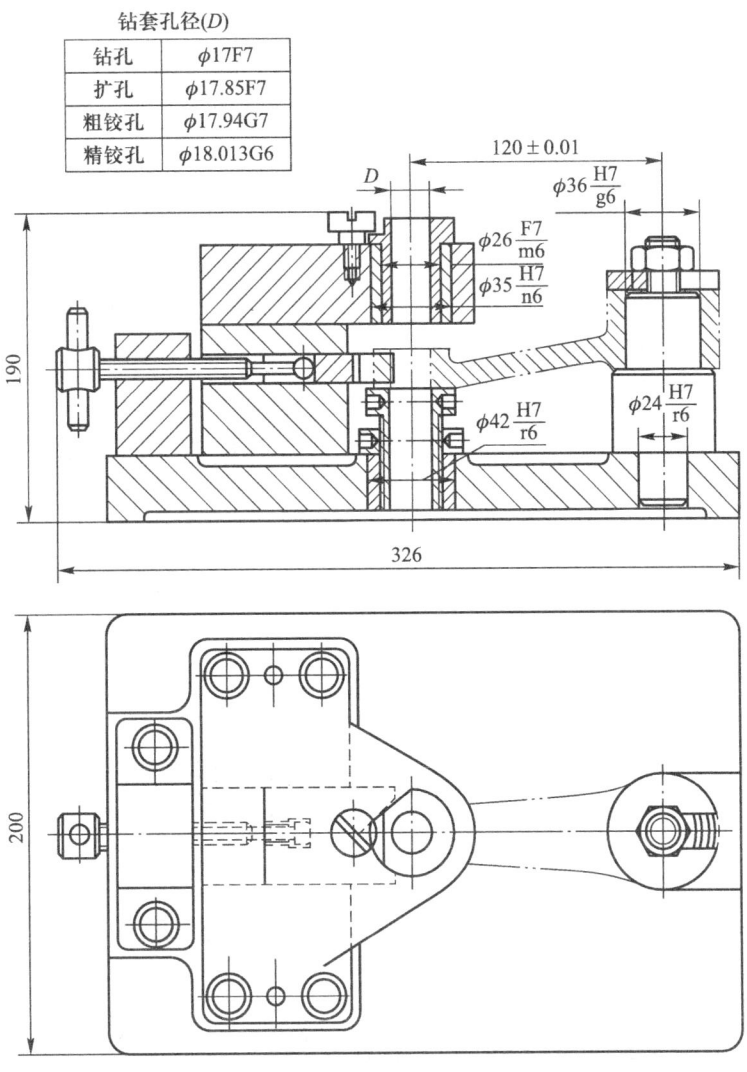

技术要求

1. 钻套孔轴线对定位心轴轴线平行度公差0.02 mm。
2. 定位心轴轴线对夹具底面垂直度公差0.02 mm。
3. 活动V形块对钻套孔与定位心轴轴线所决定的平面对称度公差0.05 mm。

图 7-7 加工连杆小头孔夹具装配图示例

7.5.3 常用配合示例

夹具常见重要配合见图 7-8。

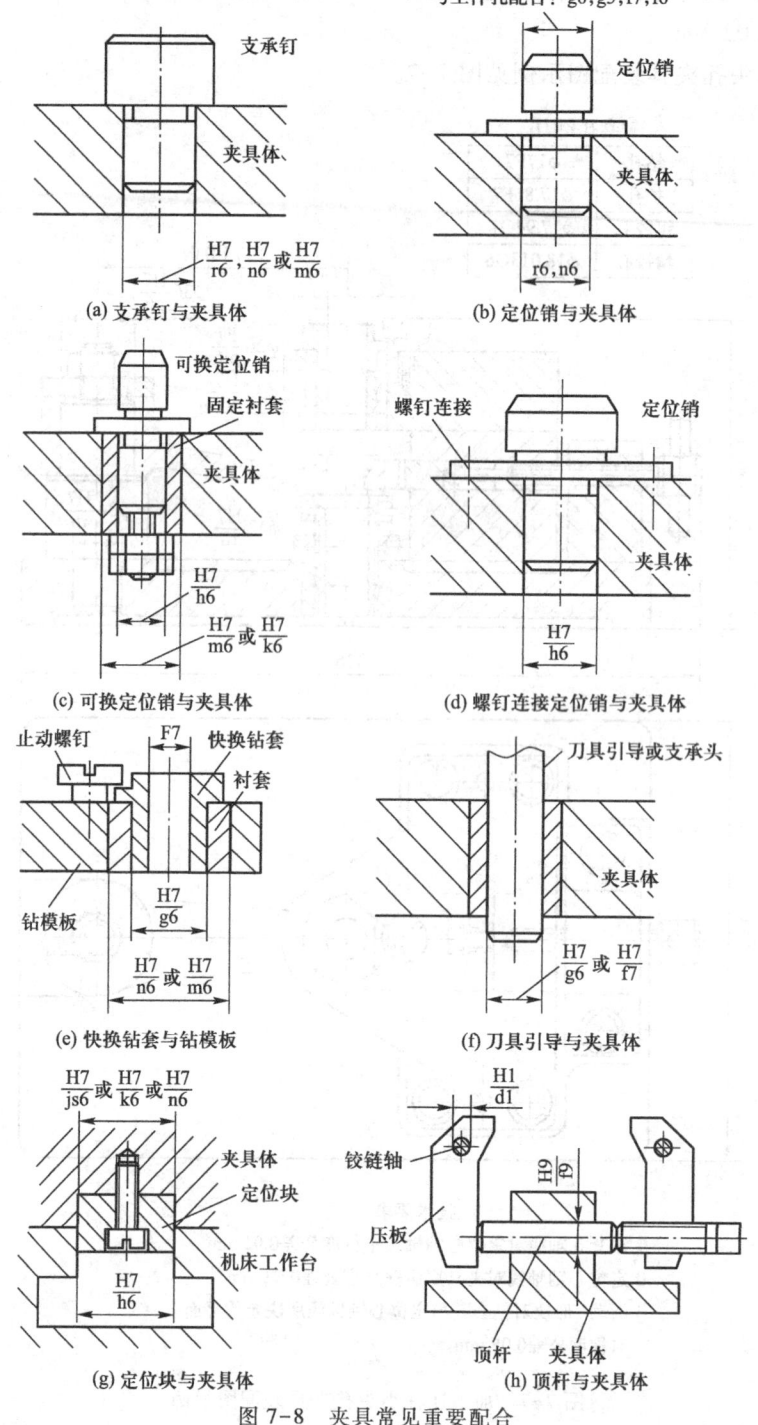

图 7-8 夹具常见重要配合

7.5.4 位置精度

位置精度包括如下几方面：

1) 对刀块定位表面的位置精度如图 7-9、表 7-18 所示。

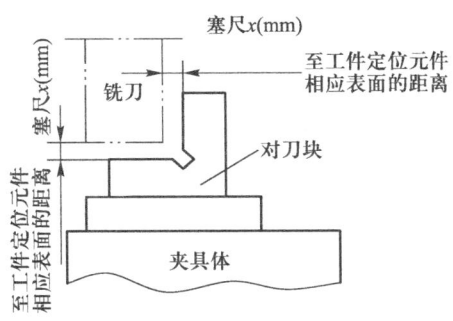

图 7-9 对刀块

表 7-18 对刀块定位表面的位置精度 mm

工件的尺寸精度	对刀块对定位表面的位置公差	
	平行或垂直时	非平行或非垂直时
~±0.1	±0.02	±0.015
±0.1~±0.25	±0.05	±0.035
>±0.25	±0.10	±0.08

2) 钻、镗夹具中各种导套（如钻套、铰套、镗杆导套等）和定位套（如移动式钻模板的定位套）的孔距精度和对定位基面的距离精度见表 7-19。

表 7-19 导套和定位套的孔距精度和对定位基面的距离精度 mm

工件上孔距或孔中心线对定位基面的距离公差	导套或定位套孔距或孔中心线对定位基面的距离公差
±0.05~±0.1	±0.01~±0.05
±0.1~±0.2	±0.02~±0.05
±0.2~±0.3	±0.05~±0.1

3) 导套中心线对定位基面的平行度（或垂直度）见表 7-20。

表 7-20 导套中心线对定位基面的平行度（或垂直度） mm

工件上被加工孔中心线对定位基面的平行度（或垂直度）公差	导套中心线对定位基面的平行度（或垂直度）公差
(0.05~0.1)/100	(0.02~0.03)/100
(0.1~0.2)/100	(0.03~0.05)/100
>0.2/100	0.05/100

4）用于工件上同一平面定位的夹具上若干定位块（支承板）的定位表面，应在同一平面上，允差通常为 0.01~0.03 mm。

定位块（支承板）的定位表面对夹具的安装底面的平行度（或垂直度）允差常取为（0.005~0.01）/100[或（0.02~0.05）/全长]。

5）同心导套之间的同轴度误差通常不大于 0.01~0.02 mm。各平行导套轴线的平行度误差通常不大于（0.02~0.03）/100（或 0.05/全长）。

6）导向孔轴线至定位销轴线的距离公差通常为±（0.03~0.06）mm（对于一般精度的夹具），或±（0.01~0.02）mm（对于工件有严格孔距要求的夹具）。

7）找正基面与测量基面平面度（或直线度）误差一般要求不大于 0.01~0.02 mm。找正基面与测量基面对夹具底面或定位块的定位面的垂直度（或平行度）允差常取为 0.01/100。

7.6 夹具示例

图 7-10 所示为铣工件斜面的单件铣夹具。

图 a 为夹具三维实体图。工件 5 以一面两孔定位，定位元件选用圆柱定位销和菱形销。为保证夹紧力作用方向指向主要定位面，压板 2 和 8 的前端做成球面。联动机构既能使操作简便，又使两个压板夹紧力均衡。为了确定对刀圆柱 4 及圆柱定位销与菱形销 6 的位置，在夹具上设置了工艺孔 O。

图 b 为夹具结构图。图中用双点画线在主要视图中绘制出了工件的轮廓外形和主要表面（定位基准面、夹紧表面、待加工面），用网格线标示被加工表面的加工余量。采用剖视图完整表达夹具结构。尺寸标注的有夹具外轮廓尺寸 195，工件与定位元件之间的联系尺寸 58±0.01，定位元件之间的联系尺寸 108±0.01，夹具和刀具的联系尺寸 148±0.03。

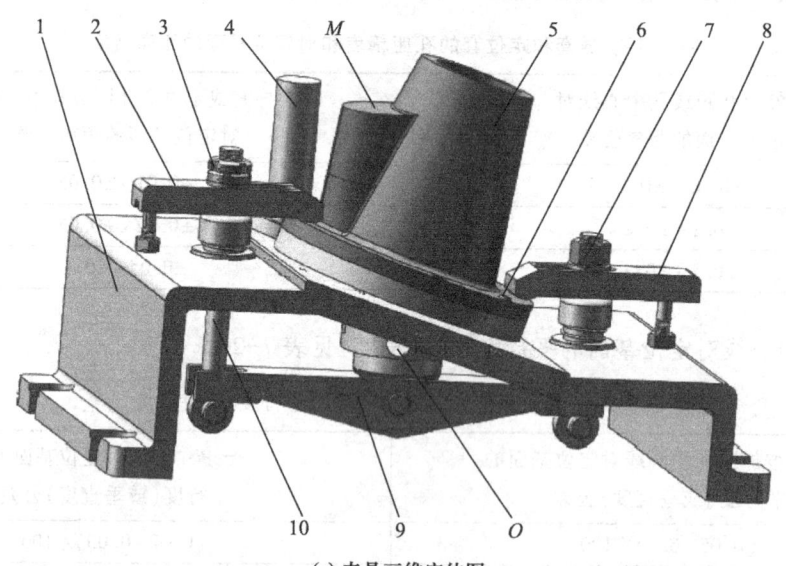

(a) 夹具三维实体图

7.6 夹具示例

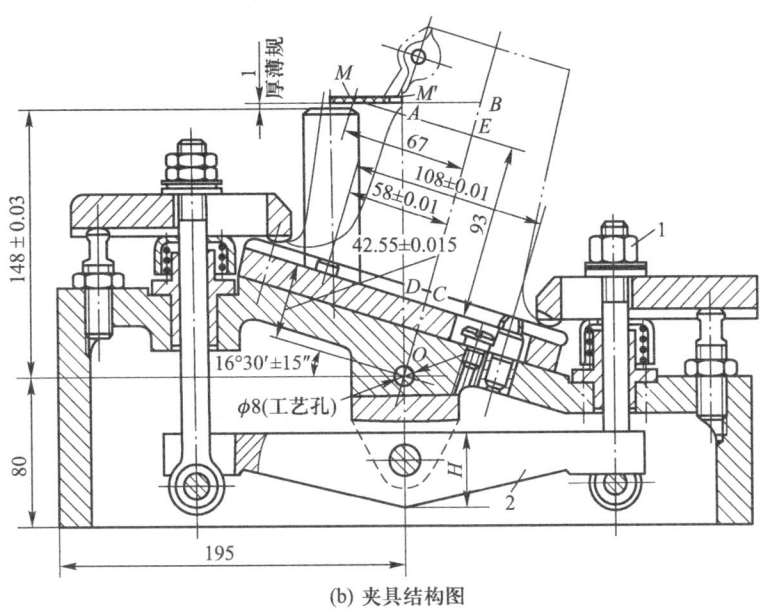

(b) 夹具结构图

图 7-10 铣斜面夹具

1—夹具体；2、8—压板；3—圆螺母；4—对刀圆柱；5—工件；
6—菱形销；7—夹紧螺母；9—杠杆；10—螺柱；M—加工面；O—工艺孔

第 8 章 数控加工工艺设计

本章要点

数控加工工艺设计,数控编程基础,数控加工实例。

8.1 数控加工工艺设计概述

在零件的加工工艺过程中安排有数控工序,需要对该工序的工艺过程作出详细规定,形成数控加工工序文件,指导数控程序的编制。数控加工工序设计内容和普通工序的一样,包括零件图样工艺分析,工艺准备(定位基准的选择、加工方法选择、加工路线的确定、加工阶段的划分、加工余量和工序尺寸的确定、刀具的选择、对刀点与换刀点的确定、切削用量的确定),以及数控编程、仿真、试切加工等。

8.1.1 坐标轴与坐标系

数控机床的坐标系采用右手直角笛卡儿坐标系统,如图 8-1 所示。

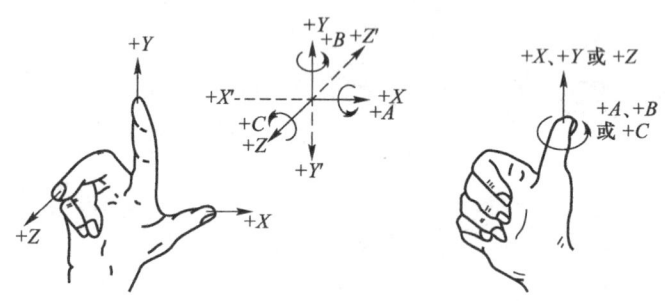

图 8-1 右手直角笛卡儿坐标系统

1. 坐标轴

根据国际标准化组织 ISO 和美国电子工业学会 EIA 标准,以及我国行业标准 JB/T 3051—1999《数控机床 坐标和运动方向的命名》标准,规定直线进给运动的直角坐标系,称为基本坐标系。X、Y、Z 坐标轴的相互关系用右手定则确定,围绕 X、Y、Z 坐标轴旋转的圆周进给坐标轴分别用 A、B、C 表示。

Z 轴为平行于机床主轴的坐标轴,如果机床有一系列主轴,则其中与工件装夹面相垂直的轴为 Z 轴。取刀具远离工件,增大刀具与工件距离的方向(或者是从工件到刀具夹持的方向)为正方向。

X 轴为水平轴,平行于工件装夹平面且垂直于 Z 轴。

2. 机床坐标系

机床坐标系是机床上固有的坐标系,并设有固定的坐标原点,在机床出厂时已确定,是固定不变的。机床的坐标和进给运动方向视机床的种类和结构而定。

3. 工件坐标系

工件坐标系是编程坐标系,工件坐标系的坐标轴平行于机床坐标系的坐标轴,工件坐标系和机床坐标系各对应轴之间存在偏置量。在实际的加工中,操作者在机床上装夹好工件后,要使用专用的测量装置(如数控铣用的寻边器等)测量该工件坐标系的原点和基本机床坐标系原点的距离,并把测得的距离在数控系统中预先设定。对于编程者来说,只要按工件坐标系编程就可以,不必事先考虑工件在机床坐标系中的具体位置。

8.1.2 数控编程的步骤

1. 分析零件图样

分析零件的材料、几何形状尺寸、加工精度及表面质量,以确定是否适合数控加工,哪些加工表面适宜在哪一台或哪几台数控机床设备上加工,并选择数控加工方法。当选择并决定某个零件进行数控加工后,并不等于所有的加工内容都采用数控加工,有可能只是其中的一部分进行数控加工,因此必须对零件图样进行仔细的工艺分析,选择那些适合、需要进行数控加工的内容和工序。一般可按下列顺序考虑:1) 普通机床无法加工的内容;2) 普通机床难加工,质量也难以保证的内容;3) 普通机床加工效率低,工人手工操作劳动强度大的内容。

2. 工件坐标系建立

编程前要根据零件的几何特征,建立工件坐标系。工件坐标系的坐标轴对应平行于机床坐标系的坐标轴,其坐标原点就是编程原点。工件坐标系的原点的位置通常的选择是:1) 零件图的设计基准上;2) 选在精度较高的加工面上;3) 对称零件选在对称中心上;4) 非对称零件可以设在工件外轮廓的某一角上;5) Z 轴的零点对于数控铣来讲一般设在工件的上表面。

3. 数控加工工序设计

确定零件的加工工艺过程,即零件定位基准与夹具选择,加工方法、加工路线(对刀点、换刀点、切入和切出点、进给路线)的确定,加工余量和工序尺寸的确定,切削用量(主轴转速、进给速度、切削宽度和切削深度)的确定。选择刀具、夹具、量具等工艺装备,为编制加工程序做好充分准备。

(1) 零件定位基准与夹具选择

零件定位基准选择和采用普通加工机床一样,要做到:1) 力求设计、工艺与编程计算的基准统一;2) 尽量减少装夹次数,尽可能做到在一次定位装夹后就能加工出全部待加工表面。

数控加工的特点对夹具提出了两个基本要求:一是要保证夹具的坐标方向与机床的坐标方向相对固定;二是要能协调零件与机床坐标系的尺寸。除此之外,主要考虑下列几点:1) 当零件加工批量小时,尽量采用通用夹具或组合夹具、可调式夹具等;2) 当成批生产时,考虑采用专用夹具,但应力求结构简单;3) 夹具尽量要开敞,其定位、夹紧机构元件不能影响加工中的走刀,以免产生碰撞;4) 装卸零件要方便可靠,以缩短准备时间,有条件时,批量较大的零件应采用气动或液压夹具、多工位夹具等。

(2) 加工路线确定

刀具(严格地说是刀位点)相对于工件的运动轨迹和方向称为加工路线,即刀具从对刀点开始运动起,直至结束加工程序所经过的路径,包括切削加工的路径及刀具切入、切出等非切削空行程。加工路线的确定首先必须保证被加工零件的尺寸精度和表面质量,其次考虑数值计算简单,走刀路线尽量短,效率较高等。

在规划走刀路线时,注意考虑以下几方面:1)选择最短走刀路线,以减少空行程时间,提高加工效率。2)为保证工件轮廓表面加工后的表面质量要求,精加工时,最终轮廓应安排在最后一次走刀连续加工出来。3)刀具的进、退刀(切入与切出)路线要认真考虑,以尽量减少在轮廓处停刀,以避免切削力突然变化造成弹性变形而留下刀痕。一般应沿着零件表面的切向切入和切出,尽量避免沿工件轮廓面垂直方向进、退刀而划伤工件。4)要选择工作在加工后变形较小的路线。例如对细长零件或薄板零件,应采用分几次走刀加工到最后尺寸,或采用对称去余量法安排走刀路线。

刀位点是在加工时用于表现刀具位置的参照点,在数控加工编程时,通常将刀具视作一个点来考虑,这就是刀位点。车刀、镗刀的刀位点为刀尖或刀尖圆弧中心点;立铣刀、端铣刀的刀位点是刀具回转轴线与刀具底面的交点;球头铣刀的刀位点为球心点。

对刀点就是刀具相对工件运动的起点,是确定刀具与工件相对位置的点。为使工件坐标系和机床坐标系建立确定的尺寸联系,加工前必须对刀。在编程时不管实际上是刀具相对工件移动,还是工件相对刀具移动,都是把工件看作静止,而刀具在运动。对刀点可以设在被加工零件上,也可以设在与零件定位基准有固定尺寸联系的夹具上的某一位置。选择对刀点时要考虑到找正容易,编程方便,对刀误差小,加工时检查方便、可靠。具体选择原则如下:1)刀具的起点应尽量选在零件的设计基准或工艺基准上。如以孔定位的零件,应将孔的中心作为对刀点,以提高零件的加工精度。2)对刀点应选在便于观察和检测,对刀方便的位置上。3)对于建立了绝对坐标系统的数控机床,对刀点最好选在该坐标系的原点上或选在已知坐标值的点上,以便于坐标值的计算。

换刀点是指在加工过程中需要换刀时刀具与工件的相对位置点。数控机床的特点就是工序集中,常常需要换刀,换刀点是为加工中心、数控车床等多刀加工的机床而设置的,因为这些机床在加工过程中要自动换刀。为防止换刀时碰伤零件或夹具,换刀点常常设置在被加工零件的外面一定距离的地方,要保证有足够的换刀空间,避免发生干涉。加工中心的换刀点是固定的。数控车床的换刀点需要进行设置,可以设置在不发生碰撞的任何点。

(3)确定切削用量

数控切削用量主要包括切削深度、主轴转速及进给速度等。切削用量的选择原则:1)保证零件加工精度和表面粗糙度;2)充分发挥刀具切削性能,保证合理的刀具耐用度;3)充分发挥机床的性能,最大限度提高生产率,降低成本。具体数值应根据数控机床使用说明书和机械制造技术基础中规定的方法及原则,结合实际加工经验来确定。

1)背吃刀量的确定

工件表面粗糙度 Ra 为 12.5~25 μm 时,加工余量小于 5~6 mm,在机床刚度允许的情况下,可以粗加工一次进给完成。工件表面粗糙度 Ra 为 3.2~12.5 μm 时,分粗加工、半精加工两步,粗加工后留 0.5~1.0 mm 余量,在半精加工时切除。工件表面粗糙度 Ra 为 0.8~3.2 μm 时,分粗加工、半精加工、精加工三步,粗加工后留 1.5~2 mm 余量,半精加工后留 0.3~0.5 mm 余量。

8.1 数控加工工艺设计概述

2) 进给量

进给量主要根据零件的加工精度和表面粗糙度要求以及刀具材料、工件材料选取,数控铣刀进给量推荐值见表8-1。

表8-1 数控铣刀进给量推荐值　　　　　　　　　　　　　　　　　　mm/齿

工件材料	铣刀种类					
	圆柱铣刀	面铣刀	立铣刀	成形铣刀	高速钢嵌齿铣刀	硬质合金嵌齿铣刀
铸铁	0.2	0.2	0.07	0.04	0.3	0.1
软(中硬)钢	0.2	0.2	0.07	0.04	0.3	0.09
硬钢	0.15	0.15	0.06	0.03	0.2	0.08
镍铬钢	0.1	0.1	0.05	0.02	0.15	0.06
高镍铬钢	0.1	0.1	0.04	0.02	0.1	0.05
可锻铸铁	0.2	0.15	0.07	0.04	0.3	0.09
青铜	0.15	0.15	0.07	0.04	0.3	0.1
黄铜	0.2	0.2	0.07	0.04	0.3	0.21
铝	0.1	—	0.07	0.04	0.2	0.1
Al-Si 合金	0.1	0.1	0.07	0.04	0.18	0.08
Mg-Al-Zn 合金	0.1	0.1	0.07	0.03	0.15	0.08
Al-Cu-Mg 合金	0.15	0.1	0.07	0.04	0.2	0.1

3) 切削用量推荐值

数控车床切削用量推荐值见表8-2。

表8-2 数控车床切削用量推荐值

工件材料	刀具材料	加工内容	背吃刀量 a_p/mm	进给量 f/(mm/r)	切削速度 v_c/(m/min)
碳素钢 (σ>600 MPa)	YT类硬质合金	粗加工	5~7	0.2~0.4	60~80
		粗加工	2~3	0.2~0.4	80~120
		精加工	0.2~0.6	0.1~0.2	120~150
	高速钢	钻中心孔			500~800 r/min
		钻孔		0.1~0.2	~30
	YT类硬质合金	切断(宽度<5 mm)		0.1~0.2	70~110
铸铁(硬度在 200 HBW 以下)	YG类硬质合金	粗加工		0.1~0.2	50~70
		精加工		0.1~0.2	70~100
		切断(宽度<5 mm)		0.1~0.2	50~70

手工编制工艺时可采用估算的方法,例如:使用普通精度等级的数控机床和国产硬质合金刀具时,对于一般的铸铁或钢料孔加工,粗加工切削速度为 70~80 m/min,进给速度为主轴转速乘以主轴每转走刀量(一般每个刀齿每转走刀 0.1 mm 以上,对多刃刀具乘以刃数);精加工切削速度为 80~90 m/min,进给速度可取每刀齿每转进给量 0.06~0.08 mm。对涂层刀片、超硬材料刀片、陶瓷刀片,切削用量可提高 20%~100%。平面铣时,粗铣切削速度选取 60~70 m/min,精铣切削速度选取 70~80 m/min。外圆切削时,粗车切削速度可选取 80 m/min,精车切削速度可选取 100 m/min 左右。

(4) 刀具选择

刀具选择与加工方法和所选机床密切相关。

比如,选择面加工方法与铣刀时应考虑以下因素:1) 粗铣平面,选用较小直径的铣刀,减少切削扭矩;2) 精铣平面,选大直径铣刀,提高效率;3) 铣平面轮廓,用平头立铣刀,侧刃切削;4) 铣空间轮廓,选球头立铣刀,以球头和侧刃切削;5) 铣内凹轮廓,铣刀半径小于内凹轮廓面的最小曲率半径;6) 铣外轮廓,铣刀半径尽量选大一些,以提高刚度和耐用度;7) 对于硬皮轮廓面,采用镶硬质合金的螺旋立铣刀或玉米铣刀。

再比如,选择孔加工方法和刀具时,应考虑以下因素:1) 选用大直径钻头先锪一个内锥坑或预钻;2) 有硬皮时,用硬质合金立铣刀先铣去空口表皮,再锪孔和钻孔;3) 钻大孔时,可采用刚度较大的硬质合金扁钻;4) 钻深孔时采用固定循环程序,多次自动进退,以利于排屑和冷却。精铰孔可采用浮动铰刀,铰前孔口要倒角。镗孔是悬臂加工,应采用对称的 2 刃或 2 刃以上镗刀头,精镗采用微调镗刀。

4. 数值计算

数值计算是根据零件图样和确定的加工路线,在选定的工件坐标系内计算出走刀轨迹和每个程序段所需的数据,包括基点坐标(零件轮廓相邻几何要素交点、切点,运动轨迹的起点、终点,圆弧的圆心点等)计算和节点(对非圆曲线,计算逼近线段的交点)坐标计算。自由曲面、曲面及组合曲面的数学处理必须使用 CAM 软件辅助计算。

5. 编写程序单

加工路线、刀具编号、切削参数以及辅助动作和刀具运动轨迹的坐标值确定后,编程人员根据数控系统的加工指令和程序段的格式要求,逐段编写零件加工程序段。将零件的加工信息,如加工顺序、加工路线、工艺参数(F、S、T)及辅助动作(变速、换刀、冷却液启停、工件夹紧松开等)等,用规定的文字、数字、符号组成的代码按一定的格式编写加工程序单。同时填写相关的工艺文件,如数控加工工序卡、刀柄刀具卡、刀具补偿表等。

6. 数控程序仿真及输入

无论是手工编程还是计算机辅助编程,当程序编号后,需要用加工的仿真软件去模拟仿真,检查程序。确定正确后,将数控程序录入或传入数控系统中。

7. 程序校验和试切

数控程序必须通过校验和试切削后才能用于正式加工。试切试件是在检查程序的执行情况的同时,还检查并避免在进刀、换刀过程中与工件或夹具发生干涉。

8.2 数控编程基础

8.2.1 程序段的格式

零件需要数控加工,就需要编写完整的程序,每个程序由若干个程序段组成。每一行的程序段由序号、若干字母和数字、结束符号组成。程序段格式见表 8-3。ISO 标准规定的地址字符意义见表 8-4。

表 8-3 数控程序段格式

字母	N	G	X A U	Y B V	Z C W	I、J、K R	F	S	T	M	LF
含义	顺序号	准备功能	坐标字				进给功能	主轴速度	刀具功能	辅助功能	结束符号

表 8-4 地址字符表

字符	含义	字符	含义
A	X 轴角度尺寸	N	顺序号
B	Y 轴角度尺寸	O	不用,有的定义为程序编号
C	Z 轴角度尺寸	P	平行于 X 轴的第三尺寸,也有定义为固定循环的参数
D	第二刀具功能,也有定义为偏置号		
E	第二进给功能	Q	平行于 Y 轴的第三尺寸,也有定义为固定循环的参数
F	第一进给功能		
G	准备功能	R	平行于 Z 轴的第三尺寸,也有定义为固定循环的参数
H	暂不指定,也有定义为偏置号		
I	平行于 X 轴的插补参数或螺纹导程	S	主轴速度功能
J	平行于 Y 轴的插补参数或螺纹导程	T	第一刀具功能
K	平行于 Z 轴的插补参数或螺纹导程	U	平行于 X 轴的第二尺寸
L	不指定,有的定义为固定循环返回次数,也有的定义为子程序的返回次数	V	平行于 Y 轴的第二尺寸
		W	平行于 Z 轴的第二尺寸
M	辅助功能	X,Y,Z	基本坐标尺寸

8.2.2 常用编程指令

1. 准备功能 G 代码

G 代码分为模态代码（续效代码）和非模态代码，表 8-5 中字母 a、c、d、…、k 多对应的 G 代码为模态代码，字母相同为同组模态代码。模态代码表示一经被使用，直到出现同组其他任一 G 代码时失效，否则保留作用继续有效，而且在后面的程序段可省略不写。同一程序段出现非同组模态码，相互不影响续效。"＊"号表示该代码为非模态代码。

表 8-5 准备功能 G 代码简表

代码 (1)	功能保持到被取消或被同样字母表示的程序指令所代替 (2)	功能仅在所出现的程序段内有作用 (3)	功能 (4)	代码 (1)	功能保持到被取消或被同样字母表示的程序指令所代替 (2)	功能仅在所出现的程序段内有作用 (3)	功能 (4)
G00	a		快速点定位	G44	#(d)	#	刀具偏置—负
G01	a		直线插补	G50	#(d)	#	限速,数控车床坐标
G02	a		顺时针方向圆弧插补	G54~G59	f		直线偏移,坐标系设定
G03	a		逆时针方向圆弧插补	G63		＊	攻螺纹
G04		＊	暂停	G68	#(d)	#	刀具偏置,内角
G06	a		抛物线插补	G69	#(d)	#	刀具偏置,外角
G17	c		XY 平面选择	G80	e		固定循环注销
G18	c		XZ 平面选择	G81~G89	e		固定循环
G19	c		YZ 平面选择	G90	j		绝对尺寸
G33~G35	a		螺纹切削,等螺距	G91	j		增量尺寸
G40	d		刀具补偿/刀具偏置注销	G92		＊	工件坐标系变更(铣)
G41	d		刀具补偿—左	G93			螺纹切削循环(车)
G42	d		刀具补偿—右	G94	k		每分钟进给
G43	#(d)	#	刀具偏置—正	G95	k		每转进给

注：1. #号表示如选作特殊用途，必须在程序说明中说明。

2. (d)可以被同列中加括号的字母(d)或不加括号的字母 d 注销或代替。

2. 辅助功能 M 代码

辅助功能 M 代码是控制机床开、关功能的指令。例如主轴的转、停,切削液的开关,运动部件的夹紧与松开等辅助动作。常用的辅助功能 M 代码见表 8-6。

表 8-6 常用的辅助功能 M 代码

代码 (1)	功能开始时间		功能保持到被注销或被适当程序指令代替(4)	功能仅在所出现的程序段内有作用(5)	功能 (6)
	与程序段指令运动同时开始(2)	在程序段指令运动完成后开始(3)			
M00		*		*	程序停止
M02		*		*	程序停止
M03	*		*		主轴顺时针方向
M04	*		*		主轴逆时针方向
M05		*	*		主轴停止
M06	#	#		*	换刀
M07	*		*		2号切削液开
M08	*		*		1号切削液开
M09		*	*		切削液关
M10	#	#	*		夹紧
M11	#	#	*		松开
M19		*	*		主轴定向停止
M30					纸带结束,程序结束
M98	#	#	#	#	调用子程序
M99	#	#	#	#	子程序结束

注:#号表示如选作特殊用途,必须在程序说明中说明。

3. 插补

插补(interpolation)是按照某种算法计算已知起点和终点之间的中间点的方法,也称为"数据点的密化",即机床数控系统依照一定方法确定刀具运动轨迹的过程。

G01 为直线插补指令,G02、G03 为圆弧插补指令。G00 只用于快速移动,插补指令用于切削加工,在程序中最先出现的插补指令(G01、G02、G03)一定跟有 F 指令。后面若进给速度不变,可以省略 F。

4. 刀具补偿

刀具补偿包括刀具半径补偿(G41、G42)和刀具长度补偿(G43、G44)。通常以零件的轮廓轨迹进行编程,零件轮廓轨迹与刀具中心运动轨迹之间存在着一个刀具半径的偏置量,刀具半径补偿的作用是把零件轮廓轨迹转换成刀具中心轨迹。刀具长度补偿是指更换刀具时刀尖位置变化量的补偿。

刀具左补偿 G41 定义为沿刀具前进的方向观察,刀具偏在工件轮廓的左边;刀具右补偿 G42 定义为沿刀具前进的方向观察,刀具偏在工件轮廓的右边。如图 8-2 所示。G41、G42 必须有 G01 或 G00 功能及对应的坐标参数才有效。刀补的动作分为建立、刀补、取消(G40)。

5. 数控车床编程的特点

数控车床编程时有其特殊的地方,比如:1) 同一段程序中,可采用绝对、增量或混合方式计算。2) 采用直径编程,X 用直径值表示,U 为径向实际位移的两倍。3) 工件原点一般选择零件的右端面或左端面的中心处。4) 根据数控车床的结构,区分是前置刀架还是后置刀架,所用半径补偿的命令不同。5) 刀具补偿存储、换刀指令与数控铣床不同。

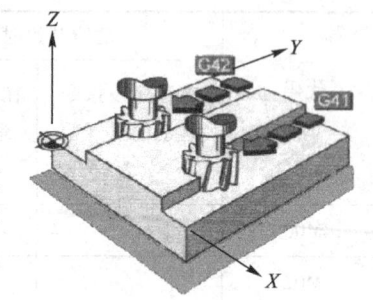

图 8-2 刀具半径补偿

数控车床与数控加工中心常用命令对比见表 8-7。

表 8-7 数控车床与数控加工中心常用命令对比

	数控车床	数控加工中心
相同 G 代码	G90 内、外径单一固定循环 G92 车螺纹固定循环 G73 闭环粗车复合循环 G76 螺纹加工复合循环 G98 每分钟进给量,mm/min G99 每转进给量,mm/r	G90 绝对坐标编程 G92 设定工件坐标系 G73 钻孔固定循环 G76 镗孔固定循环 G98 返回初始平面 G99 返回参考平面
设定工件坐标系	G50 X_ Z_ G50 S_(设定主轴最高转速)	G92 X_ Y_ Z_
换刀	G28 U0 W0 T0 M05(返回参考点) S_ T0202 M03 G00 X_ Z_ S_ T0202(返回换刀点) M03	G91 G28 Z0 T02 M06

8.3 数控加工实例

如图 8-3 所示的壳体零件,材料为 HT300,加工面有上表面、底面、$\phi 80^{+0.054}_{0}$ 孔、4×M10 螺孔及环槽。

1. 分析零件图样

图中壳体零件的环槽难以在普通铣床上加工,需安排数控加工。考虑数控加工环槽时,可以较方便地将顶面和 4×M10 螺孔一并加工出来,故选用数控立式加工中心机床,数控加工内容为环槽、顶面和 4×M10 螺孔。工件底面和 $\phi 80^{+0.054}_{\ 0}$ 孔作为定位基准面,在普通镗铣床上先行加工。

2. 建立工件坐标系

工件坐标系统的设定如图 8-3 所示,X-Y 坐标平面原点在孔轴线,Z 轴零点在零件上表面。工件坐标系的坐标原点为孔轴线与零件上平面的交点。

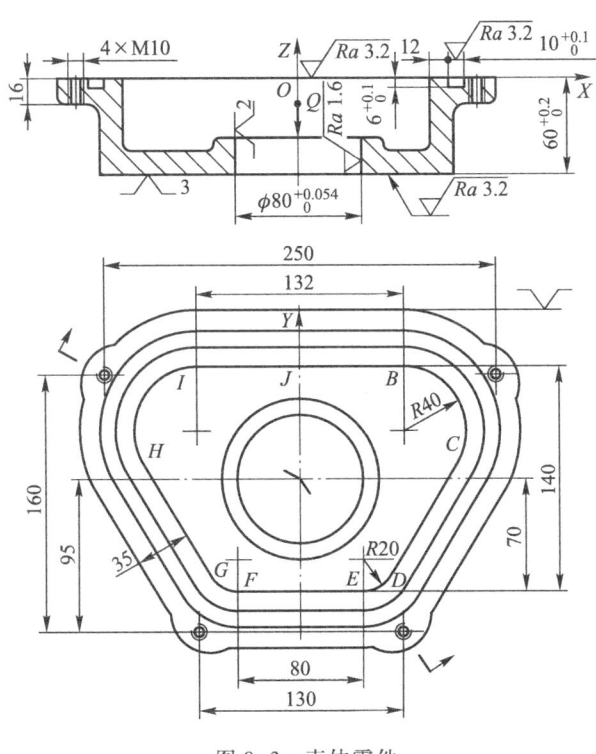

图 8-3 壳体零件

3. 数控工序设计

(1) 选择定位、夹紧方案

根据零件结构特点和本工序技术要求,选择底面、$\phi 80^{+0.054}_{\ 0}$ 孔和零件后侧面作为定位基准。采用孔系组合夹具,其基础板限制工件 $\overset{\frown}{X}$、$\overset{\frown}{Y}$、$\vec{Z}$ 三个自由度,圆柱销(专用件)限制工件 $\vec{X}$、$\vec{Y}$ 两个自由度,移动 V 形块(合件)限制一个自由度 $\overset{\frown}{Z}$,通过螺旋压板将零件从上往下压紧,夹紧力的作用点为 $\phi 80^{+0.054}_{\ 0}$ 孔的上端面。

(2) 选择加工方法、拟订加工路线

本工序加工精度、表面粗糙度要求均不是很高,上表面和 $10^{+0.1}_{\ 0}$ mm 环槽采用铣削一次走刀加工即可达到图样要求;4×M10 螺纹孔采取先打中心孔、再钻底孔的方法,螺纹底孔采用钻头进行倒角。

根据先面后孔的原则,安排各表面的加工顺序为:铣上平面→钻 4×M10 中心孔→钻 4×M10 底孔→4×M10 螺纹底孔倒角→4×M10 攻螺纹→铣环槽。

对刀点选在 $\phi 80^{+0.054}_{\ 0}$ 孔轴线与 $\phi 80^{+0.054}_{\ 0}$ 孔的上端面的交点,换刀点选在所定工件坐标系(0,0,15)点。

(3) 切削用量的选择

根据加工精度、工件材料、刀具材料等因素,参照有关手册提供的切削用量资料,确定切削用量如下:

铣平面主轴转速为 280 r/min,进给速度为 60 mm/min;钻中心孔主轴转速为 1 000 r/min,进给速度为 100 mm/min;钻螺纹底孔主轴转速为 500 mm/min,进给速度为 50 mm/min;螺纹孔口倒角主轴转速为 500 r/min,进给速度为 50 mm/min;攻螺纹主轴转速为 60 r/min,进给速度为 90 mm/min;铣槽主轴转速为 300 r/min,进给速度为 30 mm/min。

(4) 刀辅具选择

根据工序内容的安排,查阅有关工具系统资料,选用 6 把刀具,其中 T1 号刀为 ϕ80 mm 不重磨硬质合金端铣刀,用于铣上平面;T2 号刀为 ϕ3 mm 中心钻,用于钻中心孔;T3 号刀为 ϕ8.5 mm 麻花钻,用于钻螺纹底孔;T4 号刀为 ϕ18 mm 麻花钻(90°锋角),用于螺纹孔口倒角;T5 号为 M10×1.5 丝锥,用于螺纹孔攻螺纹;T6 号为 $\phi 10_0^{+0.03}$ mm 高速钢立铣刀,用于铣 $10_0^{+0.1}$ mm 环槽。

(5) 填写数控加工工艺卡(表 8-8)

表 8-8 壳体数控加工工艺卡

零件号	JS-1-26	零件名称	壳体	材料	HT300	
程序编号	O0618	机床型号	HM500	制表	×××	
工序内容	刀具号	刀具种类	主轴转速	进给速度	长度补偿量	半径补偿量
铣平面	T1	ϕ80 硬质合金端铣刀	S280	F60	D1	D21
钻 4×M10 中心孔	T2	ϕ3 中心钻	S1000	F100	D2	
钻 4×M10 底孔	T3	ϕ8.5 高速钢钻头	S500	F50	D3	
螺纹孔口倒角	T4	ϕ18 钻头(90°锋角)	S500	F50	D4	
攻螺纹 4×M10	T5	M10×1.5 丝锥	S60	F90	D5	
铣 10mm 宽环槽	T6	ϕ10 高速钢立铣刀	S300	F30	D6	D26

4. 数值计算

刀具轨迹坐标计算包括:4×M10 螺纹孔中心坐标计算,环槽各基点(J、B、C、D、…)及四个圆弧的圆心坐标计算等。

5. 编写数控程序

程序清单及说明见表 8-9,子程序见表 8-10。

表 8-9 壳体数控加工程序清单

程序段号	程序内容	备注说明
O0618		程序编号
N010	G92 X0.Y0.Z15.;	建立工件坐标系
N020	T01 M06;	换 T01 刀具
N030	G90 G00 X0.Y150.;	绝对值编程,G00 快速点定位

续表

程序段号	程序内容	备注说明
N040	G43 D01 Z0.S280 M03;	T01刀具长度补偿,Z向快速趋近切削面,主轴以280 r/min正转
N050	G41 D21 G01 Y70.F60 M98 L01;	T01刀具半径左补偿,调用子程序L01加工上表面,进给速度为60 mm/min
N060	G40;	注销刀补
N070	G00 Z15.T02 M06;	G00快速退回换刀点,换T02刀具
N080	X-65.Y-95.;	快速点定位
N090	G43 D02 Z5.S1000 M03;	T02刀具长度补偿,快速趋近加工点,主轴转速为1 000 r/min,正转
N100	G81 Z-20.R1 F100 M98 L02;	选用钻孔固定循环功能G81,调用子程序L02,钻4×φ3中心孔,进给速度为100 mm/min
N110	G80 G40 G00 Z15.T03 M06;	注销固定循环指令G81和刀具长度补偿,快速回换刀点,换T03刀具
N120	G43 D03 Z5.S500 M03;	T03刀具长度补偿,快速趋近工件加工点,主轴以500 r/min,正转
N130	G81 Z-23.R1 F50 M98 L02;	选用钻孔固定循环功能G81,调用子程序L02,钻4×φ8.53螺纹底孔,进给速度为50 mm/min
N140	G80 G40 G00 Z15.T04 M06;	注销指令G81和刀具长度补偿,快速回换刀点,换T04刀
N150	G43 D04 Z5.;	T04刀具长度补偿,快速趋近加工点
N160	G82 Z-6.R1.P1 F50 M98 L02;	选用钻阶梯孔固定循环功能G82,调用子程序L02,对4个孔倒角,在预定深度暂停1 s,进给速度为50 mm/min
N170	G80 G40 G00 Z15.T05 M06;	注销指令G82和刀具长度补偿,快速回换刀点,换T05刀
N180	G43 D05 Z5.S60 M03;	T05刀具长度补偿,快速趋近加工点,主轴以60 r/min正转
N190	G84 Z-25.R1.F90 M98 L02;	选用攻螺纹固定循环功能G84,调用子程序L02,攻螺纹4×M10,进给速度为90 mm/min
N200	G80 G40 G00 Z15.T06 M06;	注销指令G84和刀具长度补偿,快速回换刀点,换T06刀

程序段号	程序内容	备注说明
N210	G00 X0 Y150.;	快速点定位
N220	G41 D26 Y70.;	T06 刀具半径左补偿
N230	G43 D06 Z2.S300 M03;	刀具长度补偿,主轴以 300 r/min 正转,快速趋近加工点
N240	G01 Z-6.F30 M98 L01;	直线插补,调用子程序 L01 铣槽,进给速度为 30 mm/min
N250	G40 G00 Z15.;	取消刀具补偿,快速提升刀具
N260	X0 Y0;	回工件坐标原点
N270	M30;	程序结束

表 8-10 壳体数控加工子程序清单

程序段号	程序内容	备注说明
L01		子程序编号
N010	G01 X66.Y70.;	直线插补 $J \rightarrow B$
N020	G02 X100.04 Y8.946 I0 J-40.;	顺时针圆弧插补 $B \rightarrow C$
N030	G01 X57.01 Y-60.527;	直线插补 $C \rightarrow D$
N040	G02 X40.Y70.I-17.01 J10.527;	顺时针圆弧插补 $D \rightarrow E$
N050	G01 X-40;	直线插补 $E \rightarrow F$
N060	G02 X-57.01 Y-60.527 I0 J20.;	顺时针圆弧插补 $F \rightarrow G$
N070	G01 X-100.04 Y8.946;	直线插补 $G \rightarrow H$
N080	G02 X-66.Y70.I34.04 J21.054;	顺时针圆弧插补 $H \rightarrow I$
N090	G01 X0.5;	直线插补 $I \rightarrow J$ 过 0.5
N100	M99;	子程序结束,返回主程序 O0618
L02		子程序编号
N010	G00 X-65.Y-95.;	刀具快速移动至螺孔 1 中心位置
N020	X65.;	刀具快速移动至螺孔 2 中心位置
N030	X125.Y65.;	刀具快速移动至螺孔 3 中心位置
N040	X-125.;	刀具快速移动至螺孔 4 中心位置
N050	M99;	子程序结束,返回主程序 O0618

第 9 章　典型零件加工实例

本章要点
结合实例分析轴类、箱体类、齿轮类、叉杆类、盘套类零件的典型零件加工工艺。

9.1　轴 类 零 件

9.1.1　轴类零件的结构特点

轴类零件是回转类零件,其长度大于直径,一般由同轴心的圆柱面、圆锥面、螺纹和相应的端面组成,有些轴上有花键、沟槽、径向孔。但曲轴、凸轮轴、十字轴等较为特殊,有别于一般的轴类零件。

一般传动轴都有两个支承轴径,其上安装轴承,这两个支承轴径圆柱面通常既是设计基准又是装配基准,所以支承轴径的加工精度和表面质量要求较高。其他工作轴径,如用于安装齿轮、带轮、螺母等,除要求尺寸精度和表面粗糙度外,还有与支承轴径轴线间的同轴度要求,以保证运动部件的运动精度。重要轴径的端面对轴线的垂直度也有要求。

9.1.2　轴类零件的材料、毛坯及热处理

轴类零件的毛坯通常为锻件或棒料。一般较重要的轴大部分都采用锻件毛坯,毛坯的锻件形式有自由锻和模锻,大批生产时通常采用模锻。光滑轴、直径相差不大、承载力不大的非重要阶梯轴可选用棒料。

轴类零件根据不同的工作条件和使用要求选用不同的材料,采用不同的热处理方法来达到一定的强度、韧性和耐磨性的要求。45 钢作为常用的轴类零件材料,经过调质(或正火)后,可得到较好的切削性能。40Cr 等合金结构钢适用于中等精度的而转速较高的轴类零件,经调质和淬火,具有较好的综合力学性能。

9.1.3　轴类零件工艺分析

1. 轴类零件定位基准选择

轴类零件的精基准选择通常首选方案是使用两顶尖孔作为统一精基准。这样可以满足"基准重合"和"基准统一"原则,能在一次安装的情况下加工出各段外圆表面及其端面,可以保证各外圆表面之间及其与端面之间的位置精度要求,比如同轴度、垂直度等。

精基准的另一方案是采用支承轴径定位,支承轴径既是装配基准,又是各表面相互位置的设

计基准,作为精基准也符合"基准重合"原则。

对于空心轴,在中心孔钻出之前,可用两顶尖孔作为精基准。中心孔钻出之后,顶尖孔没有了,需要把中心孔两端孔口加工出倒角锥面,采用两端孔口的倒角锥面作为精基准。若不宜采用倒角锥面作为定位基准,则可使用两端带有中心孔的锥堵或带锥堵的拉杆心轴。

单件、小批生产时,中心孔主要在卧式车床上钻出。大批生产时,采用专用机床来铣端面打中心孔。中心孔经过多次使用后会出现磨损,可以通过修研中心孔的方法来提高定位基面的精度,甚至重新钻中心孔。如果轴的长径比较大,通常需要使用中心架或跟刀架作为辅助支承,来提高刚性减小变形。

2. 轴类零件加工阶段的划分

轴类零件的加工过程可分为粗加工、半精加工、精加工。

粗加工阶段:1)毛坯准备,备料、锻造和正火。2)粗加工,车或铣端面,钻中心孔,粗车外圆。

半精加工阶段:1)半精加工前热处理,对于45钢一般采用正火和调质处理,65Mn采用退火和调质处理等。2)半精车,车出工艺基准、半精车外圆、端面等。

精加工阶段:1)精加工前热处理,例如淬火。2)各表面加工,如粗磨外圆、铣键槽或铣花键、车螺纹等。3)精磨外圆(或内、外锥面),以保证轴最重要面的加工精度。

3. 轴类零件的加工过程

典型的轴类零件加工路线,对于7级精度、表面粗糙度 $Ra1 \sim 0.5~\mu m$ 的一般传动轴,其工艺路线为:正火—车端面、钻中心孔—粗车各表面—精车各表面—铣花键、键槽等—热处理—修研顶尖孔—粗磨外圆—精磨外圆—检验。

轴上的键槽、花键的加工一般安排在外圆精车之后、磨削之前进行。

轴类零件加工中热处理的安排:一般毛坯锻造后安排正火工序,粗加工后安排调质工序,以消除粗加工产生的应力及获得较好的金相组织。如果工件表面有一定的硬度要求,需要在磨削之前安排淬火工序,或在粗磨后、精磨前安排渗氮处理工序。

9.1.4 车床主轴零件实例

车床主轴,材料牌号:45,毛坯种类:锻件。CA6140车床主轴零件简图如图9-1所示。加工工艺过程及分析见表9-1。

1. 零件分析

分析重要加工面、设计基准面。径向基准回转轴线,内基面包括两端中心孔及两端的莫氏锥孔,外基面为前、后端安装轴承的轴径。主要表面技术要求:支承轴颈 A、B(锥度 1:12),精度为 IT5,$Ra0.4~\mu m$,径向圆跳动为0.005 mm,锥面接触率≥70%,淬火48~50HRC;莫氏6号锥孔,对 A、B 圆跳动近端为0.005 mm,远端为0.01 mm,锥面接触率≥70%,$Ra~0.4~\mu m$,淬火硬度为48~50HRC;短锥 C 和端面 D,对 A、B 的圆跳动为0.008 mm,$Ra0.8~\mu m$,硬度为48~50HRC;配合轴颈,尺寸精度为IT6、IT5,对 A、B 圆跳动为 $0.01 \sim 0.015$ mm。

2. 定位基准选择

(1) 精基准选择。1) 遵循"基准重合"原则,将设计基准作为定位基准,如两端中心孔、两端锥孔等。2) 遵循"基准统一"原则,如有多个工序采用两端中心孔定位,两端锥孔定位。3) 遵

9.1 轴类零件

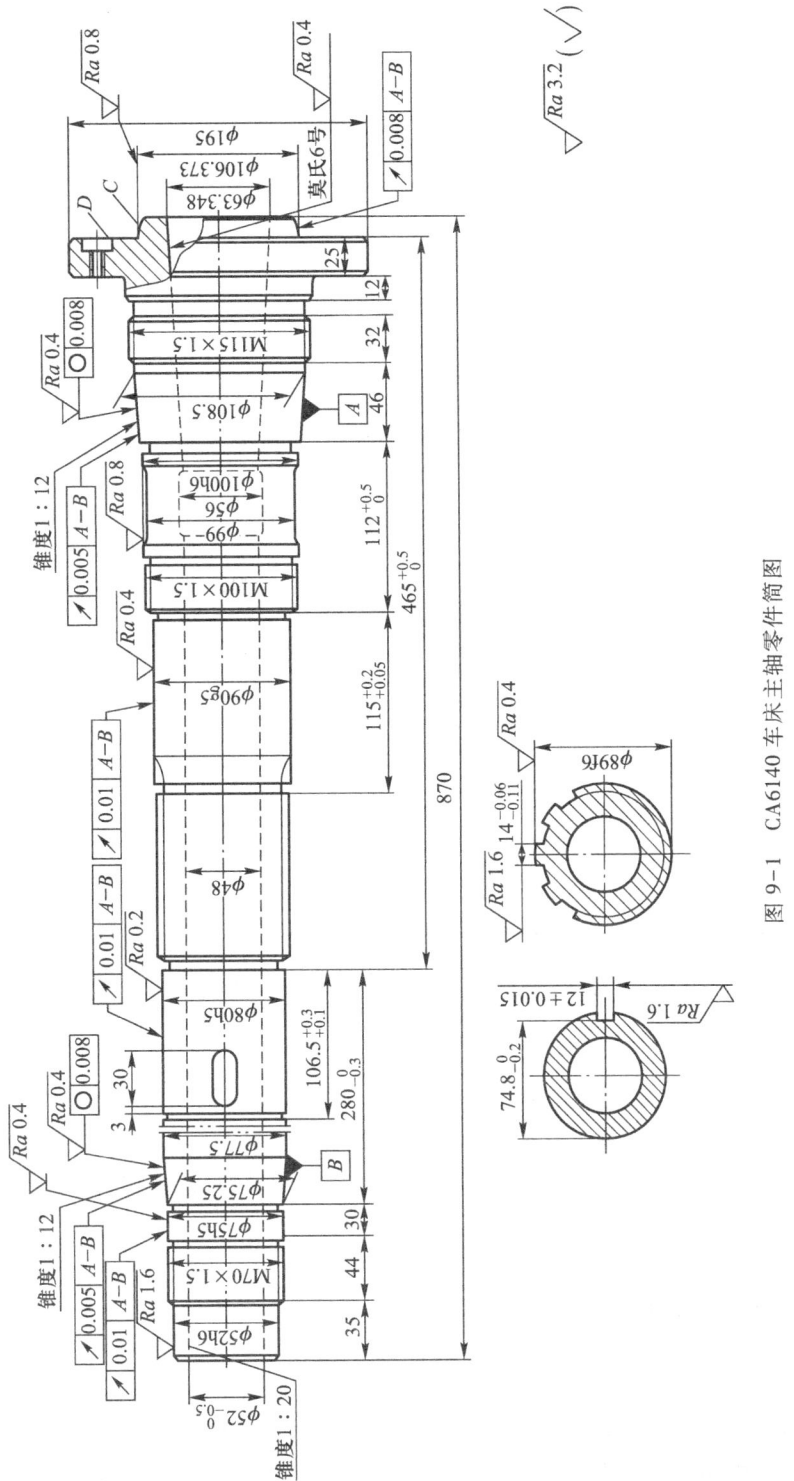

图 9-1 CA6140 车床主轴零件简图

表 9-1 某车床主轴机械加工工艺过程及分析

加工阶段	工序号	工序名称	工序主要内容	工艺分析说明
毛坯准备	1	备料		
	2	精锻		
	3	热处理	正火	改善材料切削性能
	4	钳	锯头	
粗加工	5	铣	铣端面,打中心孔	支承轴径毛面定位,重要表面加工余量均匀;先加工基准面,后加工其他面,先面后孔
	6	粗车	粗车各外圆	两端中心孔定位,基准统一;先主后次
	7	热处理	调质 220~240HBW	改善材料力学物理性质,提高综合机械性能
半精加工	8	车	半精车大端各部	两端中心孔定位,基准统一
	9	车	仿形车小端各部	两端中心孔定位,基准统一
	10	钻	深孔钻钻主轴轴心通孔	大、小端外圆轴径定位
	11	车	车大端锥孔,车外短锥面及端面	大、小端外圆轴径定位
	12	车	精车小端内锥孔	大端外圆+端面+小端轴径定位
	13	钻	钻轴向及径向辅助孔	先主后次,穿插加工次要型面
	14	车	精车小端外圆并切槽	两端锥孔定位,基准统一
	15	热处理	高频淬火支承轴颈、短锥 C、莫氏 6 号锥孔	改善材料力学物理性质,提高耐磨性
精加工	16	粗磨	粗磨莫氏内锥孔	大小端外圆轴径定位,互为基准
	17	粗磨	粗磨外圆及端面	两端锥孔定位,基准统一
	18	粗精铣	粗铣精铣花键	两端锥孔定位,基准统一
	19	铣	铣键槽	轴径及端面定位
	20	精车	精车大端及内侧面,车螺纹	两端锥孔定位,基准统一
	21	精磨	精磨各外圆,及端面	两端锥孔定位,基准统一
	22	精磨	精磨外锥面	两端锥孔定位,基准统一
	23	精磨	精磨莫氏锥孔	大小端外圆轴径定位
	24	钳	钻孔、倒角	先主后次
	25	检验		

循"互为基准"原则,以前、后中心孔定位加工外径,以轴承支承轴径定位加工前、后锥孔,以前、后锥孔定位精加工各外轴径,再以支承轴径定位精加工前段莫氏锥孔。相互基准转换见图 9-2。

(2) 粗基准选择。遵循余量均匀分配原则,保证支承轴径的余量均匀,以外支承轴径毛坯面为粗基准定位,铣两端面打中心孔。

3. 表面加工方法确定

依据各加工表面的加工精度和表面粗糙度分别选择每个待加工表面的加工路线。

4. 工序顺序安排

(1) 机械加工顺序。1) 遵循"先基准后其他"原则,先加工精基准,两端中心孔。2) 遵循"先粗后精"原则,粗加工—半精加工—精加工。3) 遵循"先主后次"原则,先加工主要表面,后加工次要表面,如辅助孔、攻螺纹、倒角。4) 遵循"先面后孔"原则,先铣两端面再打中心孔,加工完两端面再钻主轴通孔。

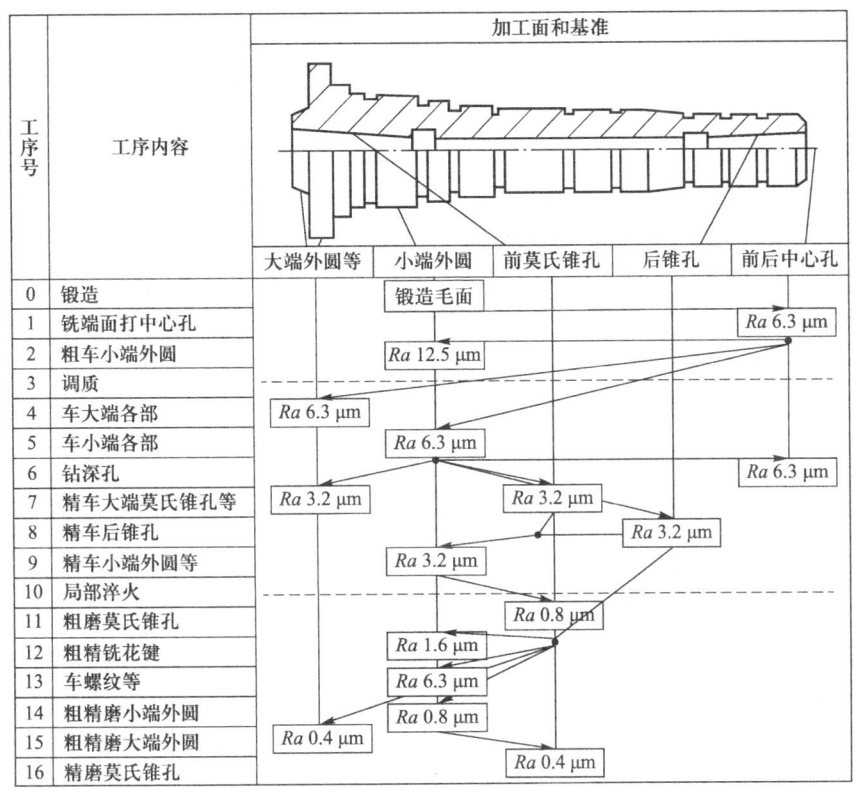

图 9-2 车床主轴简化工艺路线和基准转换示意图

（2）热处理工序。加工前正火为改善材料切削性能，半精加工、精加工前的调质、局部淬火为改善材料的力学物理性质。

（3）辅助工序。清洗、检验。

5. 夹具设计

两端锥孔定位时，可采用带有中心孔的锥堵（图 9-3a）或带锥堵的拉杆心轴（图 9-3b）。

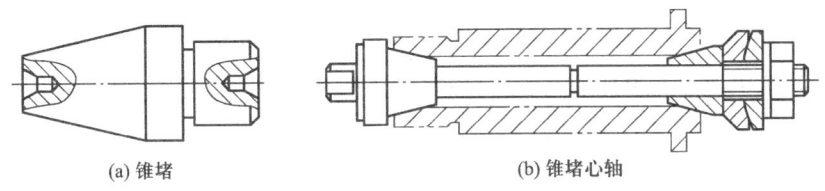

(a) 锥堵 (b) 锥堵心轴

图 9-3 锥堵与锥堵心轴

9.2 箱体类零件

9.2.1 箱体类零件的结构特点

箱体类零件是机器的基础件，其结构形状复杂，有内腔，壁薄且壁厚不均匀。箱体零件的加工形面主要是多个方位的平面加工、若干精度较高的孔（孔系）加工，以及较多的螺纹孔加工等。

一般箱体零件的主要技术要求包括孔径的尺寸精度和形状精度,主要安装平面或装配基面的尺寸精度和形状精度,孔与孔、孔与平面、平面与平面间的位置精度,重要加工表面的表面粗糙度。由于箱体类零件结构复杂、刚性差,加工后容易发生变形,加工过程要重点考虑如何来保证各加工表面的相互位置。

9.2.2 箱体零件的材料、毛坯及热处理

箱体零件通常为铸件,材料常选用灰铸铁。单件生产、某些简易或特殊用途的箱体可以采用钢材焊接结构。特定情况下,可采用有色金属合金材料,比如轿车轻量化要求下,变速箱箱体采用铝合金材料。

毛坯铸造会产生残余应力,铸造后应安排退火或时效处理,以减少零件变形。对于形状负责的箱体,可进行一次或多次时效处理。

9.2.3 箱体零件工艺分析

1. 箱体零件定位基准选择

箱体零件选择精基准时要符合"基准重合"和"基准统一"原则,箱体零件典型的定位方案有:1)采用"一面两孔"定位,采用一个较大的平面和两个销孔,平面尽量采用设计基准面,两个销孔可以用箱体零件上的孔,也可以作为工艺孔单独加工出来。2)采用装配基面定位,选择箱体零件的装配基准面作为定位面。

粗基准的选择主要考虑保证重要加工面的余量均匀,以及加工面和非加工面的相互位置关系。箱体零件一般有一个或几个主要的大孔,如车床主轴箱箱体中的主轴孔。为保证作为重要面的孔的加工余量均匀,应该以该毛坯孔作为粗基准。为保证箱体类零件与箱体内壁之间保持一定的间隙,有时也以箱体内壁作为粗基准。

2. 箱体零件加工

箱体零件的加工主要是平面和孔,加工平面一般采用铣削、刨削、磨削等。铸出孔(大孔)常采用镗削加工,不铸孔(小孔)多采用钻削、扩、铰或钻孔、扩孔、攻螺纹。

加工顺序的安排按照先基面后其他、先面后孔、先粗后精等原则。当工件刚性好,变形小时,可在基准平面粗、精加工后,再进行主要孔的粗、精加工。当工件大,内应力大时,为保证加工精度,应分粗加工、半精加工和精加工三个阶段,粗加工后安排时效处理消除内应力,加工过程将平面和孔互为基准,交替进行加工。

9.2.4 箱体零件实例 1

车床主轴箱箱体零件,材料为灰铸铁 HT200,毛坯种类:铸件。CA6140 车床主轴箱体零件简图如图 9-4、图 9-5 所示。加工工艺过程及分析见表 9-2。

1. 零件分析

分析重要加工面、设计基准面,如主轴孔及相关孔系,主轴箱的安装底面,以及顶面,前、后两端面。CA6140 主轴箱体技术要求:主轴孔的尺寸精度为 IT6,圆度为 $0.006 \sim 0.008$ mm,表面粗糙度为 $Ra \leq 0.4$ μm;其他支承孔的尺寸精度为 IT6~IT7,表面粗糙度为 $Ra \leq 0.8$ μm;主轴孔的同轴度为 $\phi 0.024$ mm,其他支承孔的同轴度为 $\phi 0.02$ mm;各支承孔轴心线的平行度为 0.004~

9.2 箱体类零件

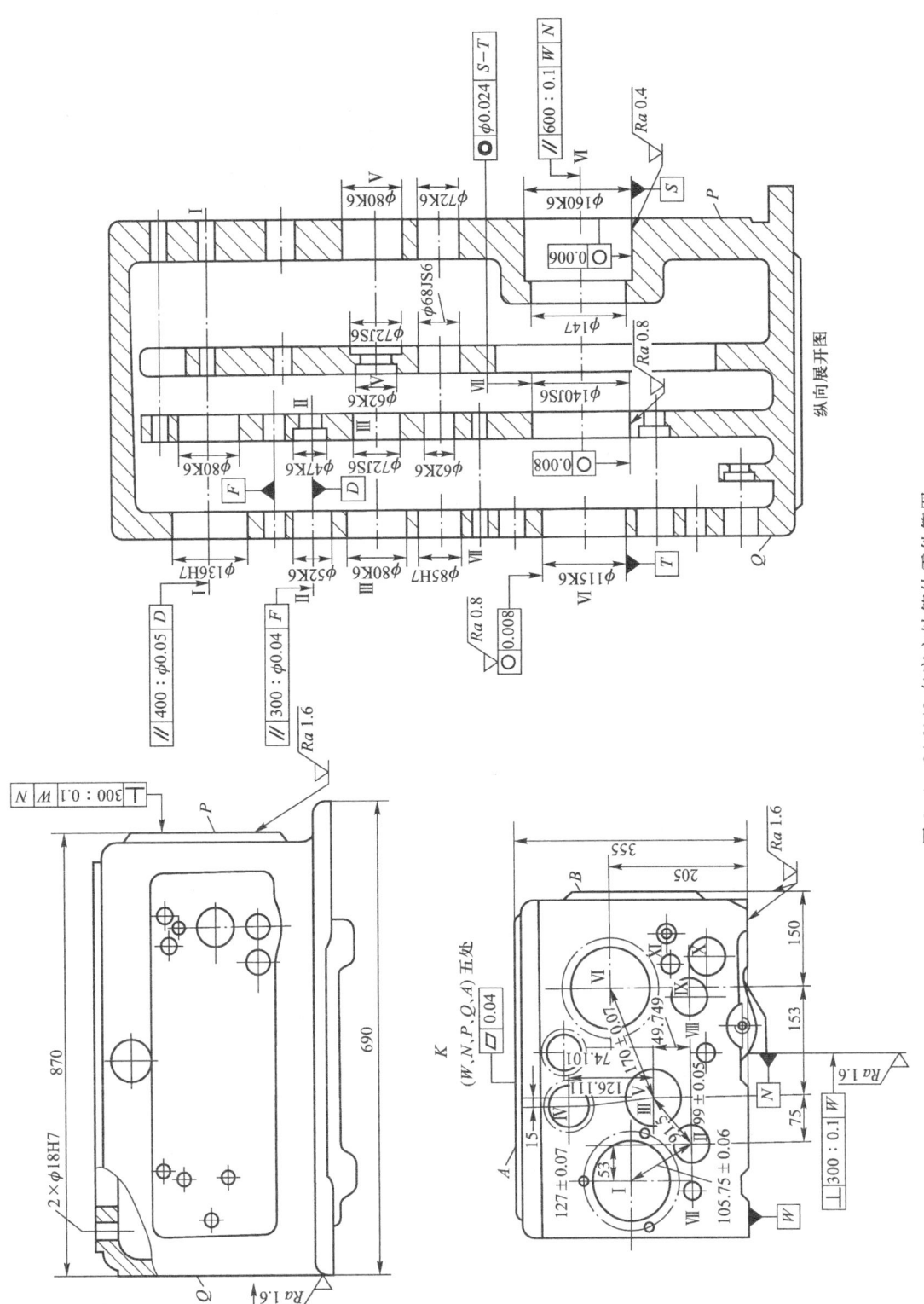

图 9-4 CA6140 车床主轴箱体零件简图

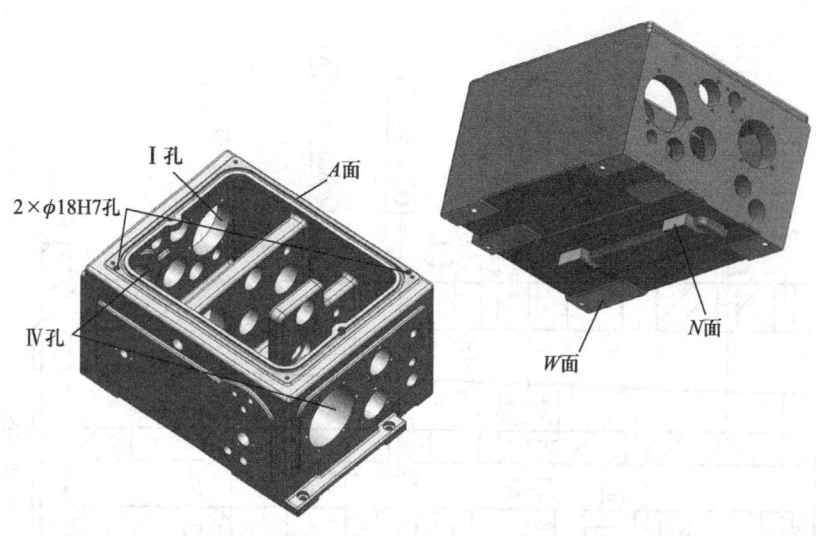

图 9-5 CA6140 车床主轴箱体三维零件图

表 9-2 某车床主轴箱箱体机械加工工艺过程及分析

加工阶段	工序号	工序名称	工序主要内容	工艺分析说明
毛坯准备	1	铸造		
	2	热处理	时效	消除内应力
	3	钳	油漆	
粗加工	4	铣	粗铣顶面 A	主轴孔Ⅳ及Ⅰ轴孔毛面定位,重要表面加工余量均匀;先加工基准面后其他面
	5	钻、扩、铰	钻、扩、铰两定位销孔 2×ϕ18H7	顶面定位,先面后孔
	6	铣	铣两端面 P、Q 及前面 B、侧面	顶面及两定位销孔定位,基准统一
	7	铣	铣主轴箱安装底面 W、N	顶面及两定位销孔定位,基准统一
	8	磨	磨顶面 A	底面定位,基准重合
	9	镗	粗镗各纵向孔	顶面及两定位销孔定位,基准统一
	10	热处理	时效	消除内应力
精加工	11	镗	半精镗、精镗各纵向孔	顶面及两定位销孔定位,基准统一
	12	镗	精细镗主轴孔	顶面及两定位销孔定位,基准统一
	13	钻、扩、铰	钻、扩、铰横向孔及攻螺纹	顶面及两定位销孔定位,基准统一
	14	钻	钻底面及两端面上的孔,攻螺纹	顶面及两定位销孔定位,基准统一
	15	磨	磨底面、前面、两端面	顶面及两定位销孔定位,基准统一
	16	钳	清洗,去毛刺,倒角	
	17	检验	检验	

0.005/300 mm,中心距公差为±0.05~0.07 mm;主轴孔对装配基面 W、N 的平行度为 0.1/600 mm;主要平面的平面度为 0.04 mm,表面粗糙度为 $Ra \leqslant 1.6$ μm,主要平面间的垂直度为 0.1/300 mm。

2. 定位基准选择

(1) 精基准选择:1) 遵循"基准重合"原则,将设计基准作为定位基准,如主轴箱的底面装配基面定位等。2) 遵循"基准统一"原则,如多个工序采用顶面和两个定位销孔定位。3) 遵循"互为基准"原则,以顶面定位加工底面,再以底面定位加工顶面。相互基准转换见图 9-6。

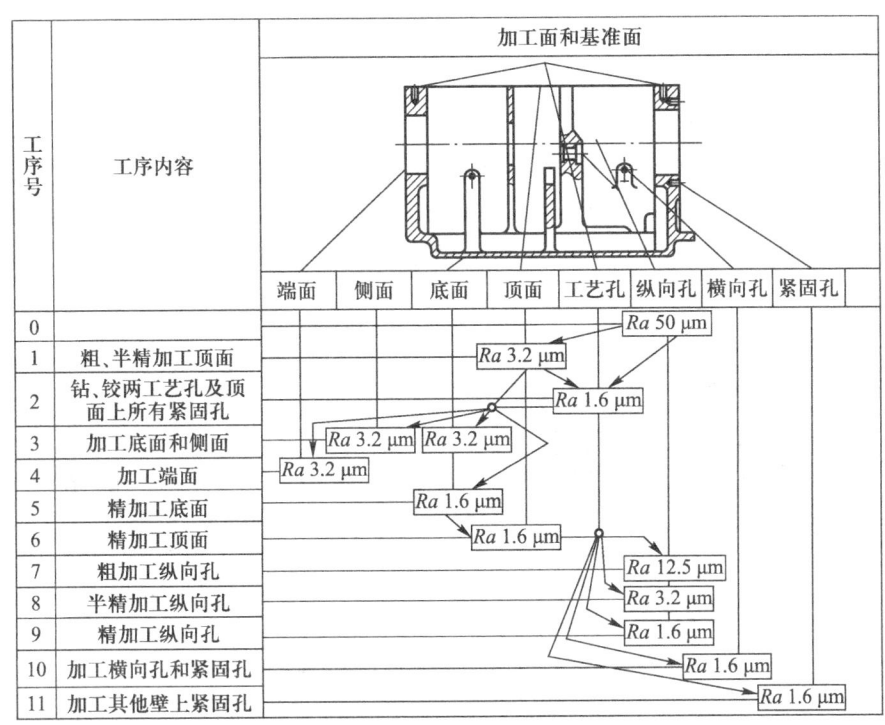

图 9-6 车床主轴箱箱体简化工艺路线和基准转换示意图

(2) 粗基准选择:遵循余量均匀分配原则,保证主轴孔的余量均匀,以主轴毛坯孔为粗基准定位加工精基准。

3. 表面加工方法确定

依据各加工表面的加工精度和表面粗糙度分别选择每个待加工表面的加工路线。

4. 工序顺序安排

(1) 机械加工顺序:1) 遵循"先基准后其他"原则,先加工精基准,顶面及两定位销孔。2) 遵循"先粗后精"原则,粗加工—精加工。3) 遵循"先主后次"原则,先加工主要表面,后次要表面,如横向孔、紧固孔。4) 遵循"先面后孔"原则,先铣顶面再钻铰工艺孔,加工完端面侧面再加工主轴及各孔系。

(2) 热处理工序:加工前及粗加工后的时效处理是为了消除内应力。

(3) 辅助工序:清洗、检验。

5. 主轴箱镗模夹具

从零件图中可以知道,主轴箱底面安装面是主轴孔的设计基准。按基准重合原则,应该选底面为统一精基准,表9-2中却选择了顶面和顶面上的两个销孔作为统一基准。主要原因是因为箱体内的隔壁上有支承孔需要加工,为保证其加工精度,必须在隔壁旁安装镗刀杆的导向支承架,以提高镗刀杆的刚度。若选择底面为统一精基准定位,箱口朝上,只能采用悬挂式导向支承架(图9-7a),它的刚度差,影响加工精度,而且每加工一个工件都要伴随着导向支承架的一次装卸,严重影响了生产率。而以顶面和顶面上的两个销孔定位,则箱口朝下。在这种情况下,镗刀杆的导向支承架可以直接固定在夹具体上(图9-7b),既提高了支承刚度,又方便了工件的装夹。因此,这是综合了加工精度和生产率两方面的因素而做出的选择。然而,这一选择会带来基准不重合误差,只能通过提高 A 面至 W 面的尺寸精度(表9-2工序8磨顶面)和提高两定位销孔的加工精度(表9-2工序5钻、扩、铰定位销孔),来减小基准不重合误差的影响。另外,箱口朝下,无法观察加工情况,也无法在箱体内测量尺寸和调整刀具。本例采用定尺寸刀具和自动循环的组合机床来稳定加工过程,从而减少因无法观察加工情况、无法测量尺寸和调整刀具带来的影响。由此可见,工艺方案往往需要进行分析与比较,在加工要求的前提下确定一个相对合理的工艺方案。

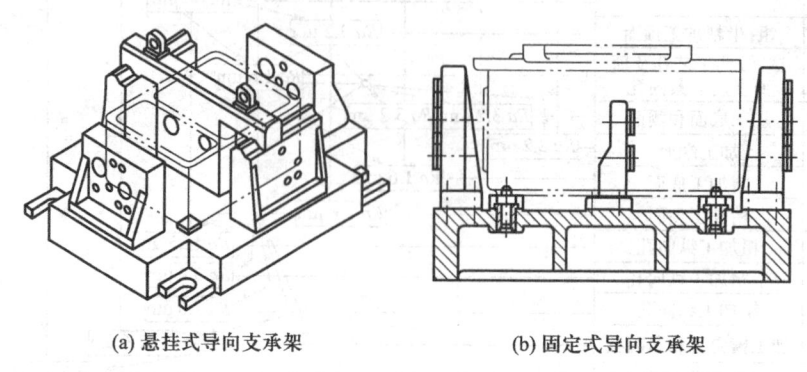

(a) 悬挂式导向支承架　　　　(b) 固定式导向支承架

图 9-7　主轴箱镗模夹具中的两种支承架形式

9.2.5　箱体零件实例 2

减速箱箱体零件,材料为灰铸铁 HT200,毛坯种类:铸件。减速箱体零件简图如图9-8所示。加工工艺过程见表9-3。

1. 零件分析

分析设计基准面和重要加工面。设计基准包括顶面、两个轴孔轴线、右侧端面。重要加工面包括孔、顶面。

2. 定位基准选择

(1)精基准选择:1)遵循"基准重合"原则,将设计基准作为定位基准,如减速箱的顶面装配基面定位等。2)遵循"基准统一"原则,如多个工序采用顶面和两个定位销孔定位。

(2)粗基准选择:遵循余量均匀分配原则,保证轴孔的余量均匀,以轴毛坯孔为粗基准定位加工精基准。

9.2 箱体类零件

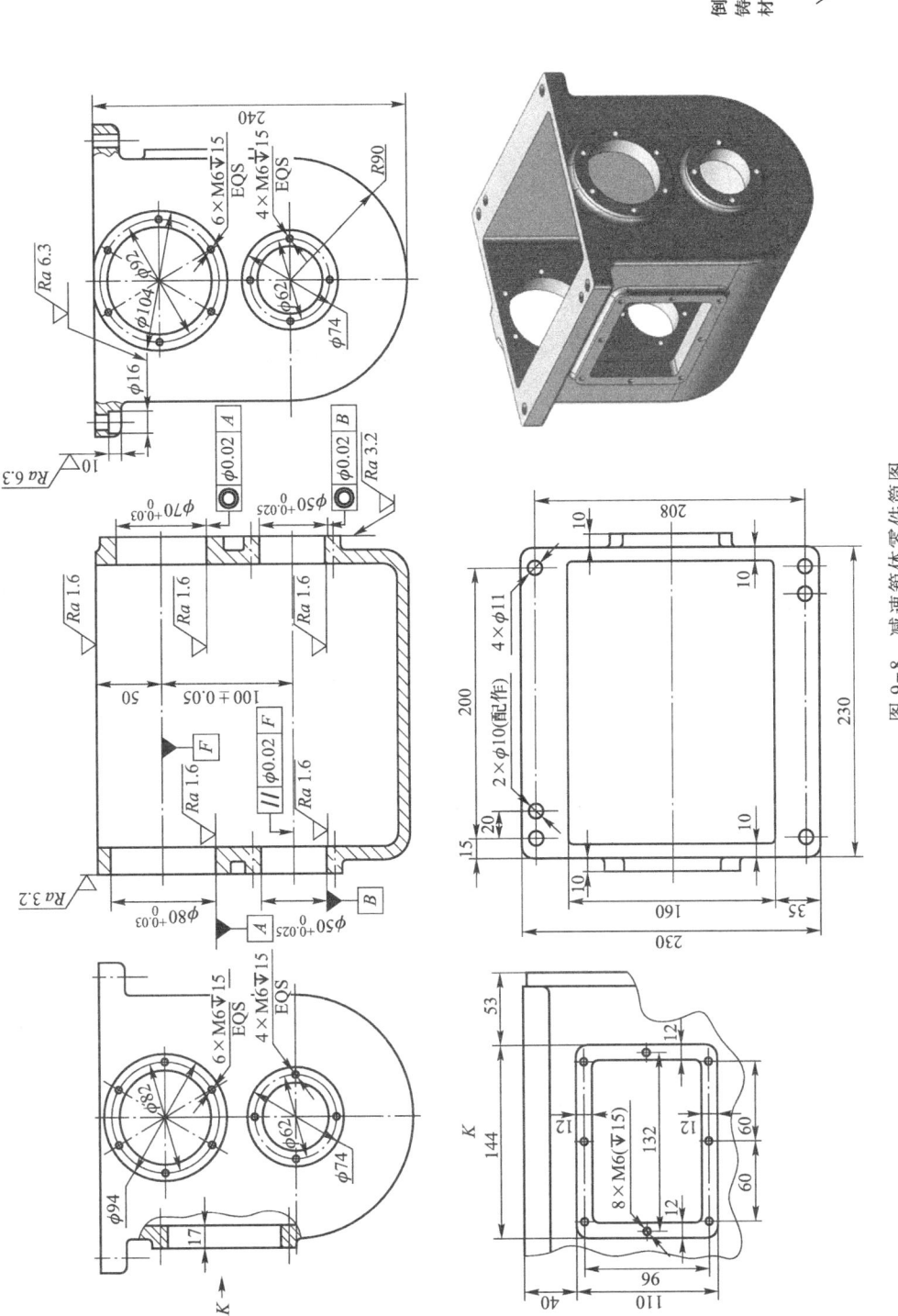

图 9-8 减速箱体零件简图

表 9-3 减速箱箱体机械加工工艺过程（批量生产）

工序号	工序内容	定位基准	工序简图
1	铸造		
2	时效		
3	铣顶面 A	φ80 毛孔（3点） φ70 毛孔（2点） φ50 毛孔（1点）	
4	钻、铰顶面上 2×φ10H7 孔加工 A 面上 4×φ11 螺钉过孔	顶面 A（3点） φ80 毛孔（2点） φ70 毛孔（1点）	
5	铣两端面	顶面 A 及两工艺孔	

续表

工序号	工序内容	定位基准	工序简图
6	铣侧窗口面	顶面 A 及两工艺孔	
7	镗 2×φ50H7 孔 镗 φ70H7 孔 镗 φ80H7 孔	顶面 A 及两工艺孔	
8	钻窗口面 8×M6 螺纹底孔	顶面 A 及两工艺孔	

续表

工序号	工序内容	定位基准	工序简图
9	钻右端面 10×M6 螺纹底孔	左端面（3点）φ70孔（2点）φ50孔（1点）	
10	钻左端面螺纹底孔	右端面（3点）φ80孔（2点）φ50孔（1点）	
11	攻螺纹	螺纹底孔	
12	锪 4×φ16 沉头孔	4×φ11 孔	
13	钳工去毛刺		
14	检验		

符号说明：▽3——定位符号，数字表示定位点数（数字为1不标）；↓——夹紧符号

3. 表面加工方法确定

依据各加工表面的加工精度和表面粗糙度分别选择每个待加工表面的加工路线。平面加工：铣（生产率高）；孔加工：粗镗—半精镗—精镗—浮动镗；孔系加工：成批生产，镗模保证加工精度。

4. 工序顺序安排

（1）机械加工顺序：1）遵循"先基准后其他"原则，先加工精基准，即顶面及两定位销孔。2）遵循"先粗后精"原则，粗加工—精加工。3）遵循"先主后次"原则，先加工主要表面，后次要表面，如横向孔、紧固孔。4）遵循"先面后孔"原则，先铣顶面再钻铰工艺孔。

（2）热处理工序：加工前时效处理为消除内应力。

（3）辅助工序：清洗、检验。

5. 夹具设计

(1) 工序 3,减速箱箱体零件铣顶面夹具如图 9-9 所示。靠近顶面的 φ80 毛孔(3 点),φ70 毛孔(2 点)采用圆锥销定位,下面的 φ50 毛孔(1 点)限制一个转动,采用菱形销。最下端的 V 形块为辅助支承。

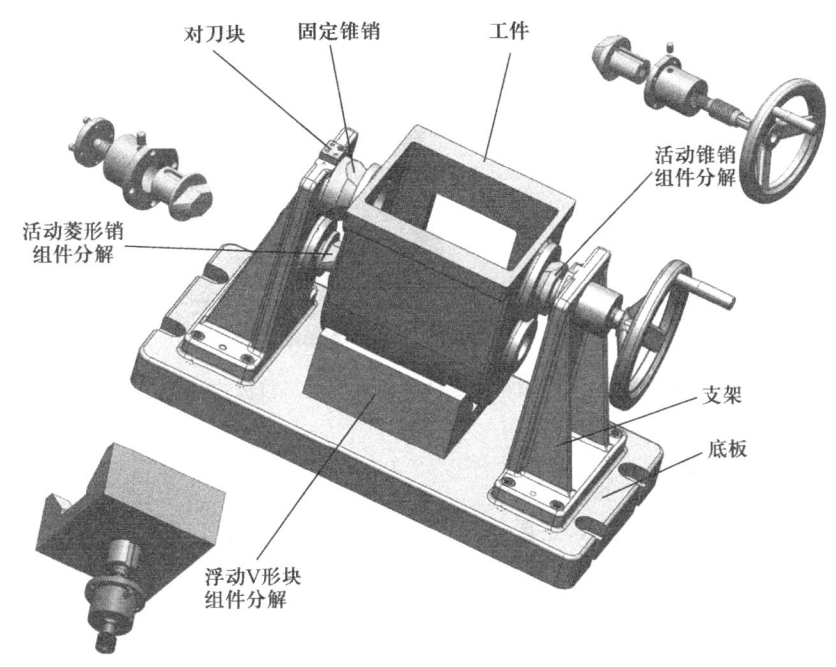

图 9-9 减速箱箱体零件铣顶面夹具

(2) 工序 7,减速箱箱体零件镗孔夹具如图 9-10 所示,采用一面两孔定位。

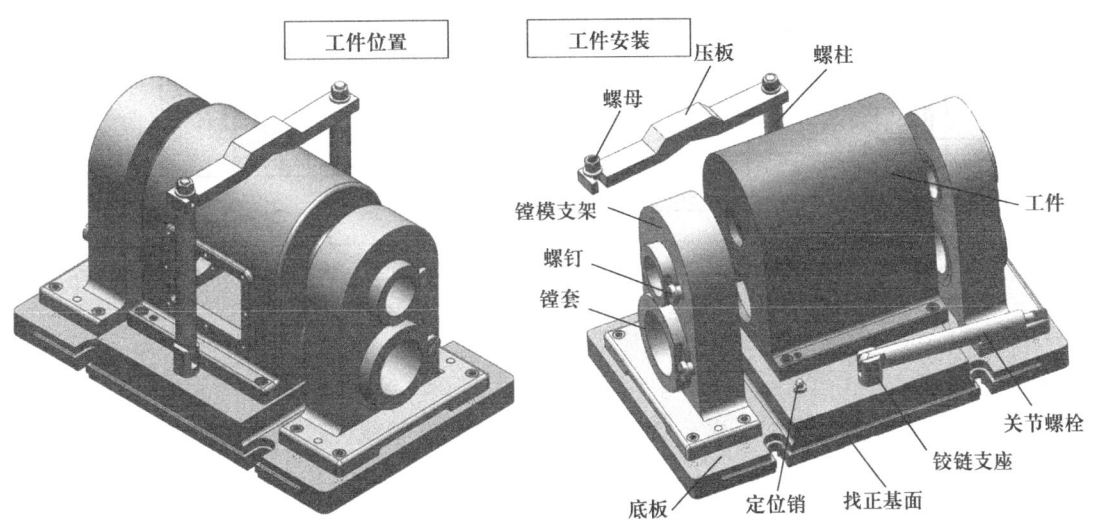

图 9-10 减速箱箱体零件镗孔夹具

（3）工序9，减速箱箱体零件端面螺孔加工盖板式钻模夹具如图9-11所示，采用一面两孔定位。

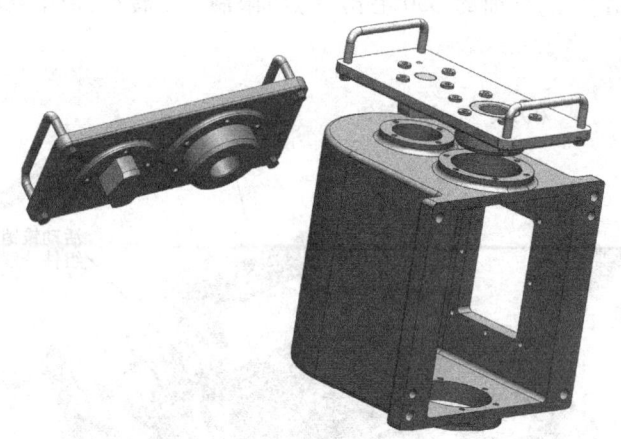

图9-11 减速箱箱体零件端面螺孔加工盖板式钻模

9.2.6 支座类零件实例

支座类零件与箱体类零件相似，主要加工面为平面和孔。通常以安装平面作为统一精基准，以轴承座为例，见图9-12。零件材料HT200，毛坯类型为铸件。

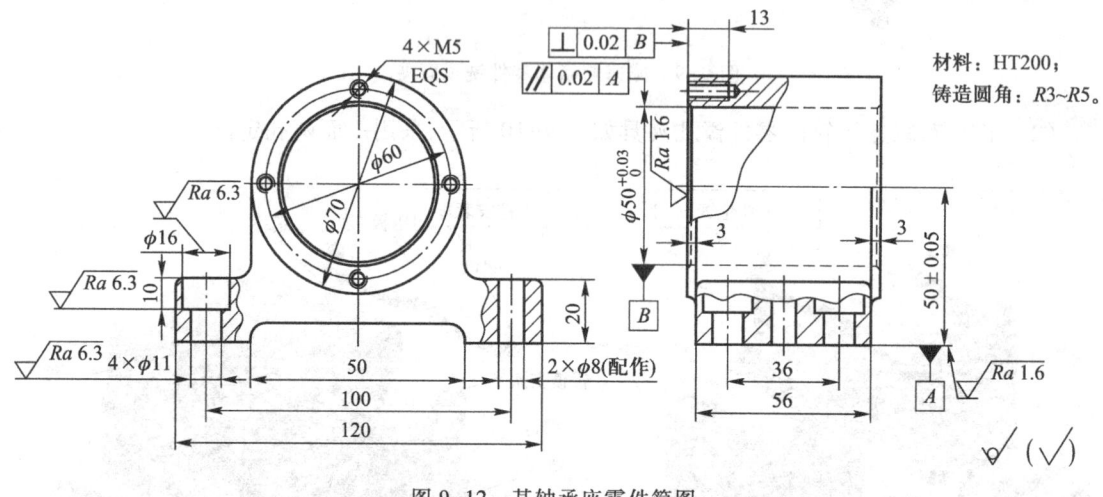

图9-12 某轴承座零件简图

1. 零件分析

分析设计基准面和重要加工面。设计基准包括底面、孔轴线、左、右侧端面。重要加工面包括孔、底面、端面。

2. 定位基准选择

（1）精基准选择：1）遵循"基准重合"原则，将设计基准作为定位基准，如轴承座底面定位等。2）遵循"基准统一"原则，如多个工序采用底面和两个定位销孔定位。

(2) 粗基准选择:遵循保证相互位置要求原则和便于工件装夹原则,以左、右两侧的上毛坯面为粗基准定位加工精基准。

3. 表面加工方法确定

依据各加工表面的加工精度和表面粗糙度分别选择每个待加工表面的加工路线。平面加工:铣(生产率高);孔加工:车;定位销孔:钻—铰。

4. 工序顺序安排

轴承座加工工艺过程及分析见表9-4。

表 9-4 轴承座加工工艺过程及分析

加工阶段	工序号	工序名称	工序主要内容	工艺分析说明
毛坯准备	1	铸造		
	2	热处理	失效	消除内应力
切削加工	3	铣	粗铣、精铣底面A,保证尺寸20	上面C(3)定位
	4	钻	钻4×φ11孔,保证尺寸100、36;钻铰2×φ8H7孔	底面A(3),R35圆弧面(2),一端面(1)定位,基准统一
	5	车	粗车、精车左端面,保证至φ8H7孔中心距离为31;粗车、精车φ50H7孔,保证尺寸50±0.05	底面A(3),2×φ8H7孔(2+1)定位,基准统一
	6	铣	铣右端面,保证尺寸62	底面A(3),2×φ8H7孔(2+1)定位,基准统一
	7	钻	钻左端面4×M5螺纹底孔,保证尺寸φ60	左端面E(3点),φ50H7孔(2),底面A(1)定位
	8	钳	攻螺纹4×M5	右端面D(3),底孔(2)定位
	9	锪孔	锪4×φ16孔	底面A(3),φ11孔(2)定位
	10	检验	检验	

(1) 机械加工顺序:1) 遵循"先基准后其他"原则,先加工精基准,底面;2) 遵循"先主后次"原则,先加工主要表面,后次要表面,如攻螺纹、锪孔。3) 遵循"先面后孔"原则,先车端面,再车内孔。

(2) 热处理工序:加工前时效处理为消除内应力。

(3) 辅助工序:清洗、检验。

5. 夹具设计

(1) 工序3,铣轴承座铣底面夹具(图9-13),工件上面毛坯面在支承板上定位,一次安装四个工件同时加工。为保证各工件夹紧力一致,采用联动夹紧机构并设置了相应的浮动环节(球面垫圈和浮动压板)。

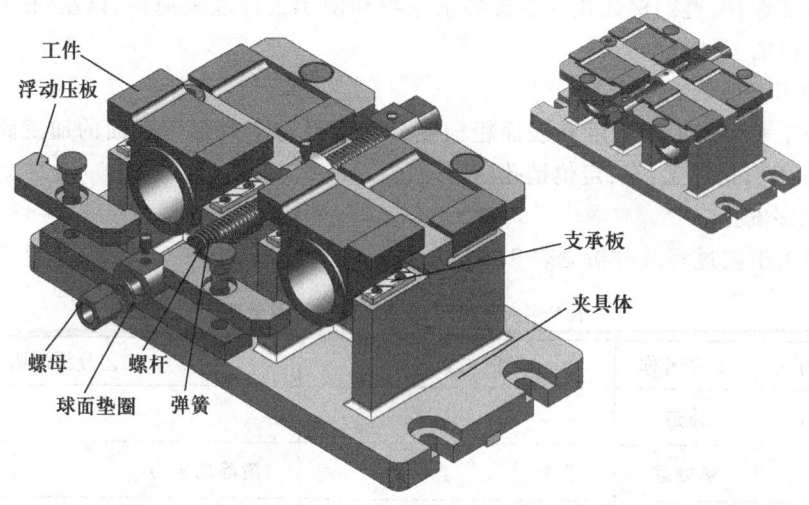

图 9-13 某轴承座零件铣底面夹具

（2）工序 4，铣轴承座零件钻夹具(图 9-14)，采用手动滑柱式钻模，工件以已加工过的底面（3 点）、不加工外圆面（2 点）和待加工端面（1 点）定位，转动手柄 6，斜齿轮轴 3 带动齿条（滑柱）2 连同钻模板 1 向下运动压紧工件同时实现定位。

图 9-14 某轴承座零件滑柱式钻夹具

（3）工序 5，铣轴承座零件钻夹具(图 9-15)，采用弯板式车床夹具，用于加工轴承座零件的孔和端面。工件以底面和两孔在弯板 10 上定位，用两个压板 5 夹紧。为了控制端面尺寸，夹具上设置了测量基准（圆柱棒端面 2）。同时设置了平衡块 1，以平衡弯板及工件引起的偏重。

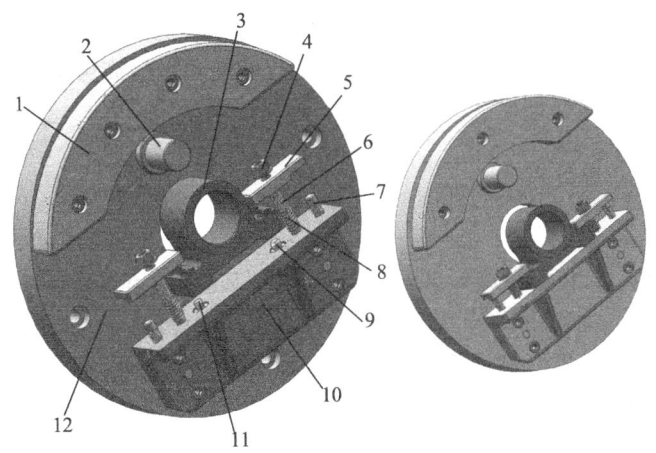

图 9-15 某轴承座零件弯板式车床夹具

1—平衡块;2—测量圆柱;3—工件;4—螺母;5—压板;6—双头螺栓;7—螺柱;
8—弹簧;9—圆柱定位销;10—弯板;11—菱形定位销;12—夹具体

9.3 齿轮类零件

9.3.1 齿轮类零件的结构特点

齿轮是依靠齿的啮合来传递扭矩,齿轮传动可实现改变转速与扭矩、改变运动方向和改变运动形式等功能,在现代机械及装备中应用广泛。齿轮的齿形包括齿廓曲线、压力角、齿高和变位。由于比较容易制造渐开线齿轮应用较多,而摆线齿轮和圆弧齿轮应用较少。

齿轮按其外形分为圆柱齿轮、锥齿轮、非圆齿轮、齿条、蜗杆蜗轮;按齿线形状分为直齿轮、斜齿轮、人字齿轮、曲线齿轮;按轮齿所在的表面分为外齿轮、内齿轮;按制造方法可分为铸造齿轮、切制齿轮、轧制齿轮、烧结齿轮等。

9.3.2 齿轮零件的材料、毛坯及热处理

制造齿轮常用的钢有调质钢、淬火钢、渗碳淬火钢和渗氮钢。对于一般承载不大的低、中速传动齿轮,常选用中碳钢和中碳合金钢,如 40、45、40Cr、40MnB 钢等。承受较大冲击载荷的重载高速齿轮,一般选用低碳钢和低碳合金钢,如 20Cr、20CrMnTi、18Cr2Ni4WA 钢等。铸钢常用于尺寸较大的齿轮,如 ZG270-500、ZG310-570 等;灰铸铁可用于轻载、低速的开式齿轮传动中,如 HT200、HT250、HT300 等;仪表中某些在腐蚀介质中工作的轻载齿轮,可采用黄铜、铝青铜等有色金属。

齿轮的毛坯形式主要有棒料、锻件和铸件。棒料毛坯适用于小尺寸、结构简单且对强度要求不高的齿轮。锻件毛坯适用于对齿轮强度要求高,耐磨、耐冲击的情况。铸造毛坯适用于直径较大($\phi>400\sim600$ mm)的齿轮。

齿轮加工中常安排两种热处理,即齿坯热处理和齿形热处理。在齿坯加工前后通常安排正火或调质,正火可消除锻造产生的残余应力,细化晶粒,改善组织,调整硬度便于机械加工;调质

可使齿轮获得较高的综合力学性能,改善心部的强度和韧性,使齿轮能承受较大的交变弯曲应力和一定的冲击力。齿形加工后,为提高齿面的硬度、耐磨性和接触疲劳强度,常进行渗碳淬火、高频感应淬火、渗氮处理等热处理工艺。

9.3.3 齿轮零件工艺分析

1. 齿轮零件定位基准选择

齿轮加工的定位基准尽可能选择装配基准和测量基准,精基准的选择符合"基准重合"原则,并尽可能在整个加工过程中保持基准统一。对于带孔的齿轮,一般选择内孔和一个端面定位。对于小直径轴齿轮,采用两端中心孔定位;大直径的轴齿轮,通常采用轴径定位,并以一个较大的端面作为支撑。粗基准一般以毛坯的外圆和端面定位。

2. 齿轮零件加工阶段及加工顺序安排

齿轮零件加工可以分为齿坯加工和轮齿加工阶段。一般尺寸的加工路线可以归纳为:毛坯制造—齿坯热处理—齿坯加工—轮齿加工—轮齿热处理—轮齿主要表面精加工—轮齿的精整加工。

(1) 齿坯的热处理

齿坯正火一般安排在粗加工前,经过正火的齿坯,加工性能好。调质安排在齿坯粗加工之后,调质后齿坯的切削性能较正火差,但力学性能较正火的好。

(2) 齿坯加工

大批生产时,一般以毛坯外圆及端面定位,先粗车端面和钻、扩孔,以端面支承进行拉孔,最后以孔定位精车外圆端面、切槽和倒角等。中、小批生产时,先粗车各部(外圆、端面和孔),再精加工孔,然后精车各表面。

齿坯制造精度要求,齿坯公差见表9-5,齿坯基准面径向和端面跳动见表9-6。

表9-5 齿坯公差

齿轮精度等级		1	2	3	4	5	6	7	8	9	10	11	12
孔	尺寸公差	IT4	IT4	IT4	IT4	IT5	IT6	IT7	IT8		IT8		
	形状公差	IT1	IT2	IT5									
轴	尺寸公差	IT4	IT4	IT4	IT4	IT5		IT6		IT7		IT8	
	形状公差	IT1	IT2	IT3									
顶圆直径		IT6			IT7			IT8		IT9		IT11	

注:1. 当三个公差组的精度等级不同时,按最高的精度等级确定公差值;
2. 当顶圆不作测量齿厚的基准时,尺寸公差按IT11给定,但不大于0.1 mm。

(3) 齿形加工

常用的齿形加工法有滚齿、插齿、铣齿等。

对于8级精度以下的调质齿轮,用滚齿或插齿。对于淬火齿轮可采用滚(插)齿—齿端加工—轮齿热处理—修正内孔的方法。

表 9-6 齿坯基准面径向和端面跳动 μm

分度圆直径/mm		精度等级				分度圆直径/mm		精度等级				
大于	到	1~2	3~4	5~6	7~8	9~12	大于	到	1~2	3~4	5~6	7~8	9~12
—	125	2.8	7	11	18	28	800	1 600	7.0	18	28	45	71
125	400	3.6	9	14	22	36	1 600	2 500	10.0	25	40	63	100
400	800	5.0	12	20	32	50	2 500	4 000	16.0	40	63	100	160

7 级精度的齿轮:不淬火齿轮:滚齿(或插齿)—剃齿;淬硬齿面齿轮:滚齿(或插齿)—齿端倒角—热处理(齿面高频淬火)—磨内孔(或校正花键孔)—磨齿;大批生产齿轮:滚齿(或插齿)—齿端倒角—剃齿—热处理—磨内孔(或校正花键孔)—珩齿,滚齿—齿端加工—齿面热处理—修正基准—硬滚。

6 级精度以上精密齿轮:粗滚齿—精滚齿—淬火—磨齿(4~6 级);粗滚齿—精滚齿(或精插齿)—剃齿—高频淬火—珩齿(6 级)。

(4) 轮齿的热处理

齿形切出后,根据材料及零件要求,安排渗碳淬火或表面淬火,经过渗碳淬火的齿轮,齿面硬度高,耐磨性好,但齿形变形大,对精密齿轮淬火后安排磨齿。表面淬火常用高频淬火,对小模数齿轮效果好。对于模数为 3~6 mm 的齿轮采用高频感应淬火,内孔直径一般会缩小 0.01~0.05 mm。

(5) 轮齿精加工

常用的齿形精加工方法有剃齿、珩齿、磨齿。

(6) 圆柱齿轮加工

圆柱齿轮常用加工方法见表 9-7。

表 9-7 圆柱齿轮常用加工方法

加工方法	应用范围	加工精度	表面粗糙度 Ra/μm
插齿	加工多联齿轮,内、外啮合直齿	6~8 级	1.25~5
铣齿	用盘状或指状成形铣刀铣直齿,加工精度较低	9 级	2.5~10
滚齿	加工外啮合直齿、斜齿,广泛应用	6~9 级	1.25~5
剃齿	精加工淬火前的直齿、斜齿,大量生产中	6~7 级	0.32~1.25
珩齿	大量生产中提高热处理后的齿轮精度	6~7 级	0.16~0.63
磨齿	加工淬火后的齿轮齿面,提高齿轮精度	3,4~7 级	0.16~0.63
挤齿	用在大量生产中,加工滚齿或插齿后的齿轮	6~7 级	0.04~0.32

圆柱齿轮技术要求,齿轮传动精度要求包括传递运动的准确性、传递运动的平稳性、载荷分布的均匀性、齿侧间隙的合理性。检验齿轮精度的公差组见表 9-8。

表 9-8 检验齿轮精度的公差组

公差组	公差与极限偏差项目	对传动性能的影响
I	F'_i—切向综合误差;F''_i—径向综合误差;F_p—齿距累积误差;F_{pk}—K个齿距累积误差;F_r—齿圈径向跳动公差;F_w—公法线长度变动公差	传递运动的准确性
II	f'_i—一齿切向综合误差;f''_i—一齿径向综合误差;f_f—齿形公差;f_{pt}—齿距极限偏差;f_{pb}—基圆齿距极限偏差;$f_{f\beta}$—螺旋线波度公差	传动的平稳性
III	F_β—齿向公差;F_b—接触线公差;F_{px}—轴向齿距的法向极限偏差	承载均匀性

9.3.4 齿轮零件实例

双联齿轮零件见图 9-16,材料为 40Cr,毛坯种类:锻件。双联齿轮加工工艺过程及分析见表 9-9。

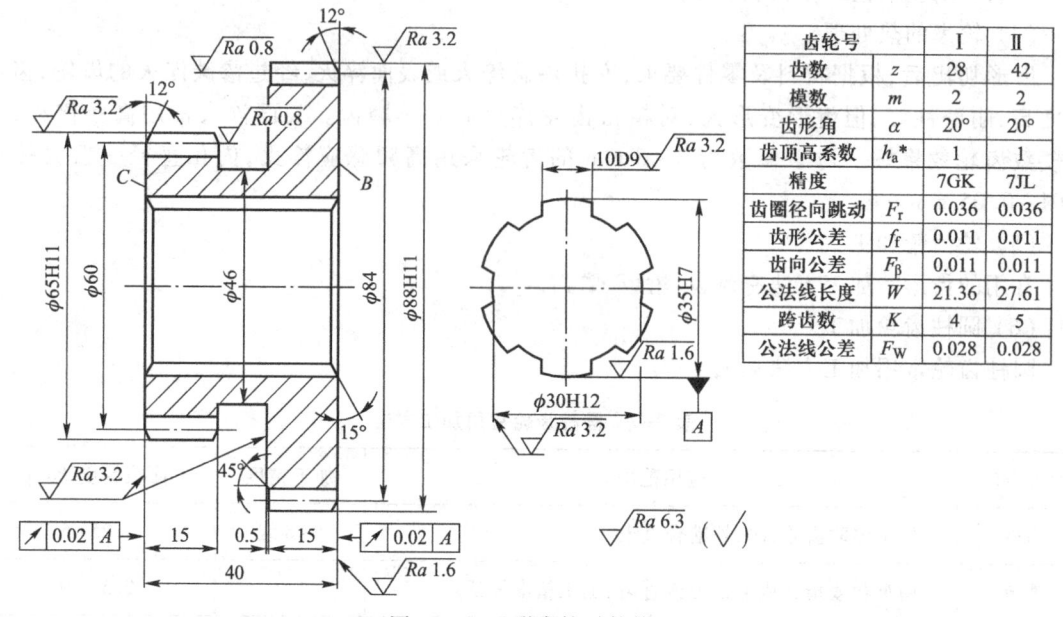

图 9-16 双联齿轮零件简图

表 9-9 双联齿轮加工工艺过程及分析

加工阶段	工序号	工序名称	工序主要内容	工艺分析说明
毛坯准备	1	锻造		
	2	热处理	正火	改善材料切削性能
齿坯加工	3	粗车	粗车一端外圆和端面(留余量 1~1.5 mm),掉头装夹粗车另一端外圆和端面,钻、车花键底孔至尺寸 $\phi30H12$	外圆和端面定位

续表

加工阶段	工序号	工序名称	工序主要内容	工艺分析说明
齿坯加工	4	拉	拉花键孔	φ30H12孔和B面定位，基准统一
	5	精车	精车外圆、端面及槽至图样要求	花键孔和B面定位，基准统一
	6	检验		
齿形加工	7	滚齿	滚齿($z=42$)，留剃量0.07~0.10 mm	花键孔和B面定位，基准统一
	8	插齿	插齿($z=28$)，留剃量0.03~0.05 mm	花键孔和B面定位，基准统一
	9	倒角	倒角（Ⅰ、Ⅱ齿圈12°牙角）	花键孔和B面定位，基准统一
	10	钳	钳工去毛刺	
	11	剃齿	剃齿($z=42$)公法线长度至尺寸上限	花键孔和B面定位，基准统一
	12	剃齿	剃齿($z=28$)剃齿刀螺旋角5°，公法线长度至尺寸上限	花键孔和B面定位，基准统一
	13	热处理	齿部高频感应加热淬火	
	14	推孔	校正花键孔	花键孔和B面定位，基准统一
	15	珩齿	珩齿（Ⅰ、Ⅱ）至尺寸要求	花键孔和B面定位，基准统一
	16	检验	检验	

1. 零件分析

分析设计基准面和重要加工面。设计基准包括内孔轴线、端面。重要加工面包括孔、外圆柱面、端面。

2. 定位基准选择

（1）精基准选择：1）遵循"基准重合"原则，将设计基准作为定位基准，如内孔、外圆、端面。2）遵循"基准统一"原则，如多个工序采用内孔和端面定位。

（2）粗基准选择：由于内孔无毛坯孔，遵循便于装夹原则，以外圆和端面为粗基准定位加工精基准。

3. 表面加工方法确定

依据各加工表面的加工精度和表面粗糙度分别选择每个待加工表面的加工路线。齿坯外圆、端面：粗车—精车，齿形加工：按照大批生产齿轮工艺：滚齿（或插齿）—齿端倒角—剃齿—热处理—校正花键孔—珩齿。

4. 工序顺序安排

（1）机械加工顺序：1）遵循"先基准后其他"原则，先加工精基准，内孔和端面。2）遵循"先粗后精"原则，粗加工→精加工。3）遵循"先面后孔"原则，先加工端面，再加工内孔。

（2）热处理工序：加工前时效处理为正火，改善材料切削性能。齿部高频感应加热淬火。

（3）辅助工序：清洗，齿坯加工完检验和终检。

9.4 叉杆类零件

9.4.1 叉杆类零件的结构特点

叉杆类零件是机器上连接或操纵机构的零件,其结构特点是外形不规则,刚性较差,易变形,如机床拨叉、连杆、摇臂、铰链杠杆等。主要加工表面是作为装配基准的精度要求较高的孔和平面。叉杆类零件主要技术要求如下:基准孔的尺寸精度 IT 9~IT7,形状精度被控制在孔径公差之内,表面粗糙度值 Ra 3.2~0.8 μm;工作表面的尺寸精度 IT 10~IT 8,表面粗糙度 Ra 6.3~1.6 μm,对基准孔的相对位置精度(如垂直度)为 0.05~0.15 mm/100 mm。

9.4.2 叉杆零件的材料、毛坯及热处理

叉杆零件材料通常为碳钢 20、30,受力不大时,可用铸铁、可锻铸铁。其毛坯类型,单件、小批生产时为自由锻、木模铸造、焊接件,大批、大量生产时,用金属模铸造、模锻件。

毛坯铸造会产生残余应力,铸造后应安排退火或时效处理,以减少零件变形。毛坯为锻件时,安排正火处理。

9.4.3 叉杆零件工艺分析

1. 叉杆零件定位基准选择

叉杆零件选择精基准时要符合"基准重合"和"基准统一"原则,精基准选择主要是孔定位。粗基准的选择主要考虑保证重要加工面的余量均匀,以及加工面和非加工面的相互位置关系。例如,拨叉零件粗基准选基准孔的外圆和端面。连杆零件粗基准选平面和外轮廓面。

2. 叉杆零件加工

叉杆零件的加工主要是平面和孔,加工平面一般采用铣削、磨削等。铸出孔(大孔)常采用镗削加工,不铸孔(小孔)多采用钻削、扩、铰或钻孔、扩孔、攻螺纹,批量大时采用拉削加工孔。

9.4.4 连杆零件实例

某柴油机连杆零件见图 9-17,材料为 40Cr,毛坯种类:锻件。某柴油机连杆零件加工工艺过程及分析见表 9-7。

1. 零件分析

分析设计基准面和重要加工面。设计基准包括大、小头内孔轴线、端面。重要加工面包括孔、面、端面。

2. 定位基准选择

(1)精基准选择:1)遵循"基准重合"原则,将设计基准作为定位基准,如内孔、端面。2)遵循"基准统一"原则,如多个工序采用内孔和端面定位。

(2)粗基准选择:遵循便于装夹原则,以圆弧侧面和端面为粗基准定位加工精基准。

9.4 叉杆类零件

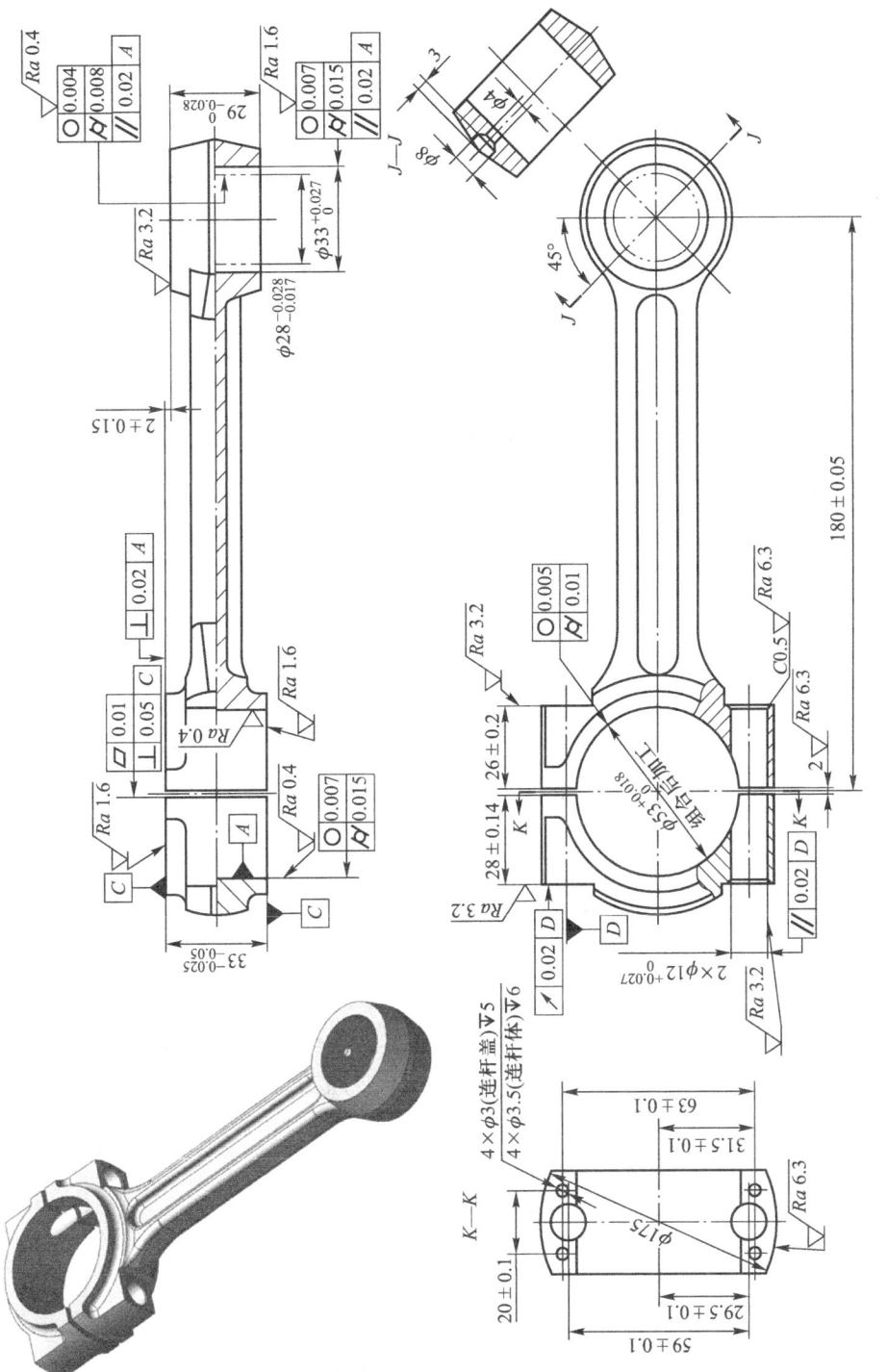

图 9-17 某型柴油机连杆零件零件简图

3. 表面加工方法确定

依据各加工表面的加工精度和表面粗糙度分别选择每个待加工表面的加工路线。各主要表面的工序安排,两端面:粗铣—粗磨—半精磨—精磨。小头孔:钻孔—扩孔—拉孔—精镗,压入衬套后再精镗。大头孔:粗镗—半精镗—精镗。螺栓孔:钻孔—扩孔—铰孔。

4. 工序顺序安排

(1) 机械加工顺序:1) 遵循"先基准后其他"原则,先加工精基准,内孔和端面。2) 遵循"先粗后精"原则,各主要表面的粗、精加工工序分开。3) 遵循"先面后孔"原则,先加工端面再加工内孔。4) 遵循"先主后次"原则,先加工主要形面,再加工次要形面。

(2) 热处理工序:调质处理,改善材料力学性能。

(3) 辅助工序:清洗,检验,称重。

5. 连杆的机械加工工艺过程

某型柴油机连杆的机械加工工艺过程(仅列出机械加工工序)见表 9-10。

表 9-10 某型柴油机连杆的机械加工工艺过程(仅列出机械加工工序)

工序号	工序内容	工序简图	机床	夹具
1	铣大端两平面,铣至尺寸 34±0.2		双面铣专用机床	铣夹具
2	粗磨大端两平面,磨完一面后,翻身,磨另一面,保证尺寸 33.5±0.05		M7475 型转盘磨床	磁力吸盘
3	钻扩小头孔,钻至 $\phi 30$,扩至 $\phi 32_0^{+0.1}$		Z535 立式钻床	滑柱式钻模
4	锪小头孔倒角,锪完一面后,翻身,锪另一面		Z535 立式钻床	

续表

工序号	工序内容	工序简图	机床	夹具
5	拉小头孔,拉后孔径 $\phi 32.5_{0}^{+0.03}$		L55立式拉床	拉刀
6	粗镗大头孔,粗镗至 $\phi 45_{0}^{+0.1}$,大小头孔中心距 180 ± 0.05		镗孔专用机床	镗夹具
7	车大头外圆,车大头外圆直径至 $\phi 75$		C618K型车床	车夹具
8	粗铣螺栓孔平面,先在工位Ⅰ铣一个螺栓孔的两端面,再翻身在工位Ⅱ铣另一个螺栓孔的两端面		X62W卧式铣床	铣夹具,三面刃铣刀

续表

工序号	工序内容	工序简图	机床	夹具
9	精铣螺栓孔平面，先在工位Ⅰ铣一个螺栓孔的两端面，再翻身在工位Ⅱ铣另一个螺栓孔的两端面	尺寸 28.98，55.96±0.1，Ra 3.2	X62W 卧式铣床	铣夹具，三面刃铣刀
10	钻、扩、铰两螺栓孔，钻（ϕ11.2）、扩（ϕ11.8），铰 $2\times\phi11$ 孔，保证：1）两螺栓孔距离 59±0.1；2）螺栓孔轴心线与大头孔端面距离 $16.75^{+0.1}_{0}$；3）两孔的平行度允差 0.02；4）D 孔端面对 D 孔的圆跳动允差 0.02	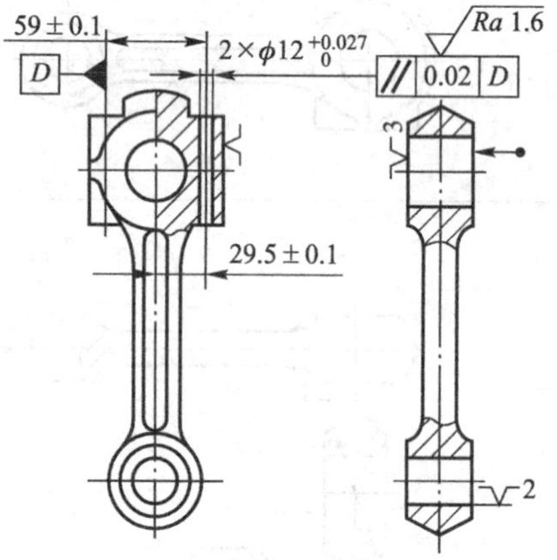 59±0.1，$2\times\phi12^{+0.027}_{0}$，29.5±0.1，Ra 1.6，// 0.02 D	Z535 立式钻床	钻模
11	半精磨两平面，磨完一面后，翻身，磨另一面，保证尺寸 33.2±0.02	33.2±0.02，Ra 0.8	M7475 平面磨床	磁力吸盘
12	半精镗大头孔，按图示位置装夹，大头孔直径镗至 $\phi52^{+0.08}_{0}$，保证大头孔两端面对大头孔轴心线的垂直度公差 0.05	$\phi52^{+0.08}_{0}$，180±0.05，Ra 1.6	镗孔专用机床	镗夹具

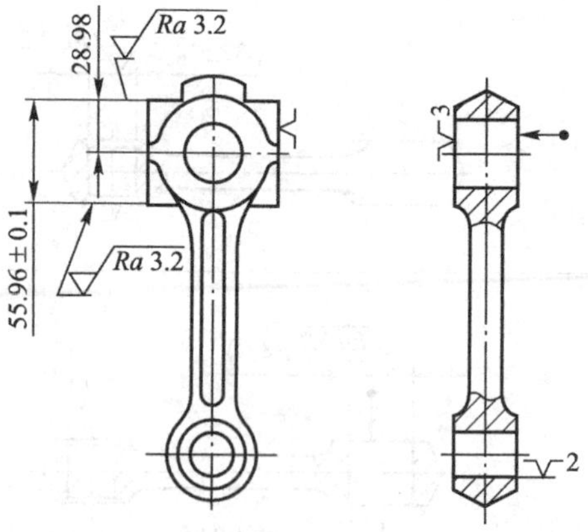

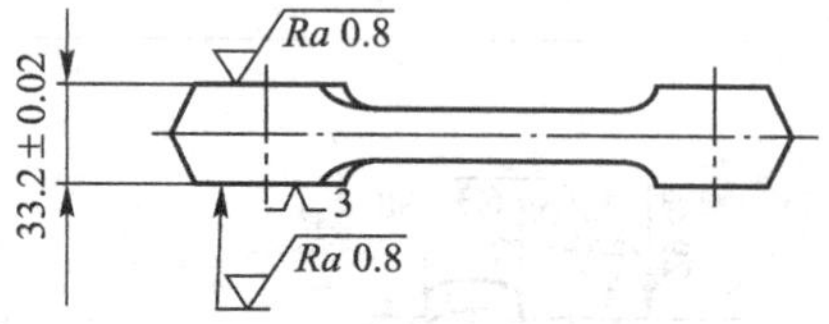

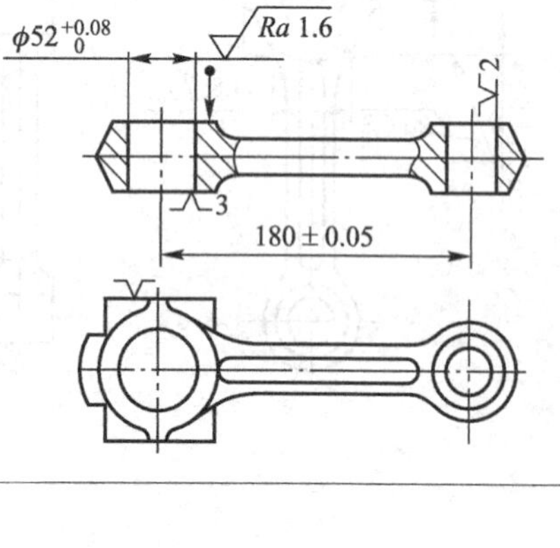

续表

工序号	工序内容	工序简图	机床	夹具
13	精镗小头孔，按图示位置装夹，加工至：1）小头孔直径 $\phi 33^{+0.027}_{0}$，圆度公差 0.007，圆柱度公差 0.015；2）大小头孔轴心线平行度公差 0.05	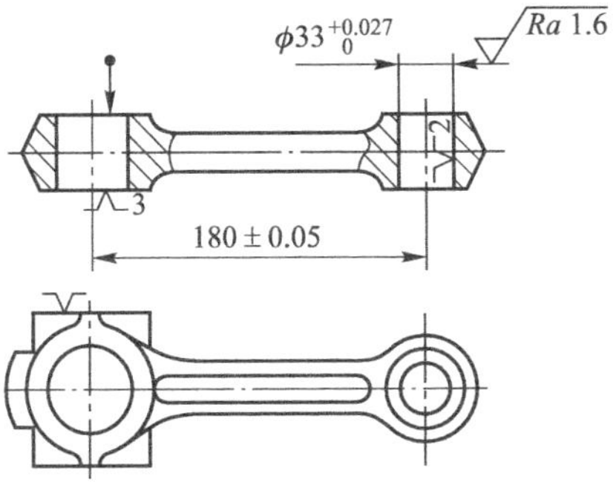	T760型金刚镗床	镗夹具
14	钻小头油孔，按图示位置装夹，钻孔 $\phi 4$，锪 $\phi 8$ 深 3	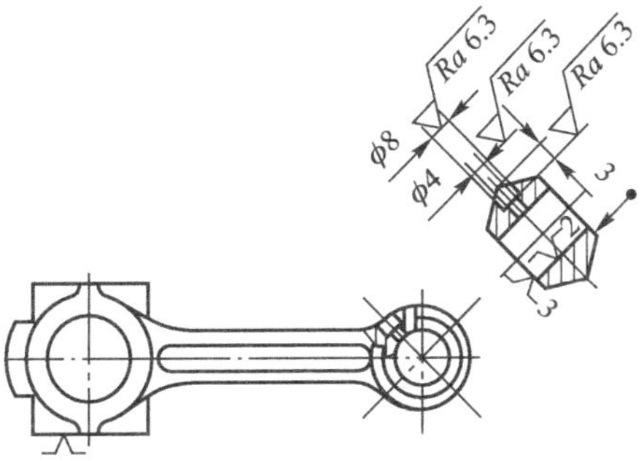	台钻	钻模
15	压入衬套，连杆与衬套油孔轴心线的同轴度允差 $\phi 1$		油压机	
16	铣开，先在工位Ⅰ铣开连杆的一边，再翻身在工位Ⅱ铣开连杆的另一边，保证：① 铣开面对两侧面垂直度公差 0.05；② 铣开面平面度公差 0.01	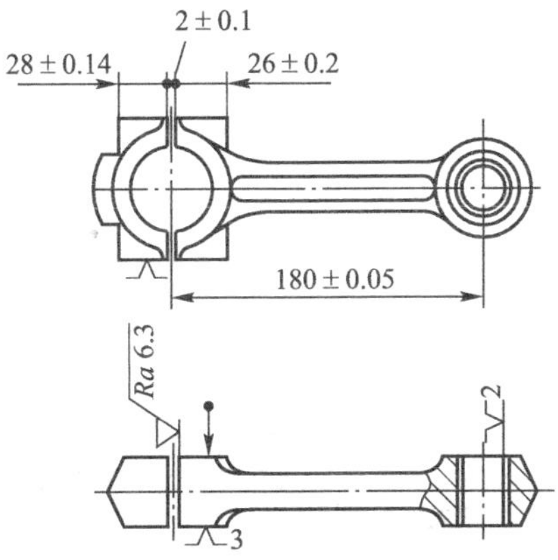	X62W卧式铣床	铣夹具

续表

工序号	工序内容	工序简图	机床	夹具
17	锪螺栓孔口的倒角,倒角 C0.5		台钻	钻夹具
18	钻连杆盖定位销孔,钻 4 个 $\phi3$ 深 5 的定位销孔,保证: 1) 销孔之间的距离 63 ± 0.1,20 ± 0.1; 2) 销孔对连杆盖剖分面的中心线距离为 31.5 ± 0.1,10 ± 0.1		台钻	钻夹具
19	钻连杆体定位销孔,钻 4 个 $\phi3.5$ 深 6 的定位销孔,保证: 1) 销孔之间的距离为 63 ± 0.1,20 ± 0.1; 2) 销孔对连杆盖剖分面的中心线距离为 31.5 ± 0.1,10 ± 0.1		台钻	钻夹具
20	装配,装配连杆体和连杆盖			扭力扳手
21	精磨两平面,保证尺寸 $33_{-0.050}^{-0.025}$		M7475 平面磨床	磁力吸盘

9.4 叉杆类零件

续表

工序号	工序内容	工序简图	机床	夹具
22	精镗衬套孔及大头孔,镗后衬套孔直径 $\phi28^{+0.028}_{+0.018}$,圆度公差 0.004,圆柱度公差 0.008;大头孔直径 $\phi53^{+0.015}_{0}$,圆度公差 0.005,圆柱度公差 0.01;衬套孔对大头孔轴心线平行度公差 0.02;大小头孔距离 180±0.05		T760 金刚镗床	镗夹具
23	车小头两端面及孔口倒角,1) 两端面间距离为 $29^{0}_{-0.28}$;2) 小头端面与大头端面间的落差为 2±0.15;3) 小头衬套口倒角 0.5×45°		车床	车夹具

符号说明:▽3——定位符号,数字表示定位点数(数字为1不标);↓——夹紧符号

6. 夹具示例

工序12,半精镗大头孔夹具如图9-18所示。

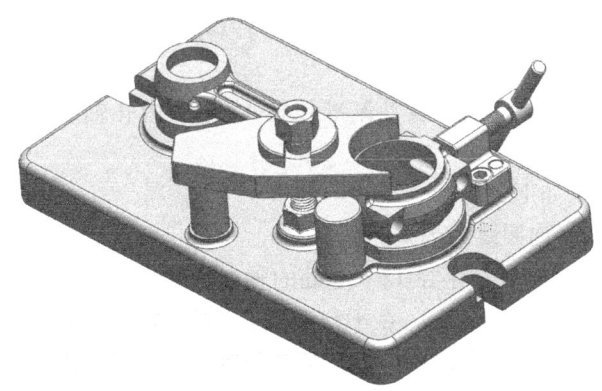

图9-18 半精镗大头孔夹具

9.5 盘套类零件

9.5.1 盘套类零件的结构特点

盘套类零件属于回转类零件,包括轮盘类零件和环套类零件。轮盘类零件如法兰、端盖、分度盘、带轮、滚轮、飞轮等,套类零件如轴承套、滑动轴承、钻套、镗套、缸套、轴套、轴瓦、衬套、气缸、油缸、活塞等,其结构特点是:主要表面为同轴度要求较高的内、外圆柱表面,外形规则,套类零件刚性较差易变形;主要加工表面是作为装配基准的精度要求较高的外圆、孔和端面。

9.5.2 盘套零件的材料、毛坯

盘套零件材料通常为钢、铸铁,套类零件还可以用青铜、黄铜、双合金(钢或铸铁内壁上浇注巴氏合金)等。毛坯类型:棒料、铸件、锻件、粉末冶金。

9.5.3 盘套零件工艺分析

1. 盘套零件定位基准选择

盘套零件选择精基准时要符合"基准重合"和"基准统一"原则,对于精基准选择,盘类零件常使用止口面(一端面和一短圆孔)作统一精基准;套类零件用一长孔和一止推面作统一精基准。粗基准的选择主要考虑保证重要加工面的余量均匀,以及加工面和非加工面的相互位置关系。

2. 盘套零件加工

盘套零件的加工主要是外圆、内孔和端面。套类零件中内孔既是设计基准又是装配基准,加工精度和表面粗糙度一般要求较高。盘套类零件形状各异,其加工工艺也不一样。典型工艺路线大致为:调质(正火)—粗车外圆、端面—钻孔、粗精镗孔—钻法兰小孔、插键槽等—热处理—磨外圆—磨端面—磨内孔。

9.5.4 叶轮零件实例

某汽油机冷却水泵叶轮的零件图见图 9-19。零件材料 HT200,毛坯类型为铸件。

1. 零件分析

分析设计基准面和重要加工面。设计基准包括大、小头内孔轴线,端面,外圆。重要加工面包括中心孔 G、外圆、端面。

叶轮的主要技术要求如下:

1) H 面对 G 孔轴线径向圆跳动公差为 0.2 mm。
2) F 面与 F_1 面对 G 孔轴线在半径 12 mm 处的轴向圆跳动公差为 0.03 mm。
3) F 面的表面粗糙度 $Ra=0.4$ μm,在平台上检验,要求接触面在 95% 以上。

上述第一条技术要求是叶轮能回转平稳。第二和第三条技术要求主要是针对叶轮的轴向密封条件而提出来的。中心孔 G 为非圆孔,其尺寸精度和表面粗糙度均有较高要求,它的轴线是 H、F、F_1 面位置度的设计基准。

9.5 盘套类零件

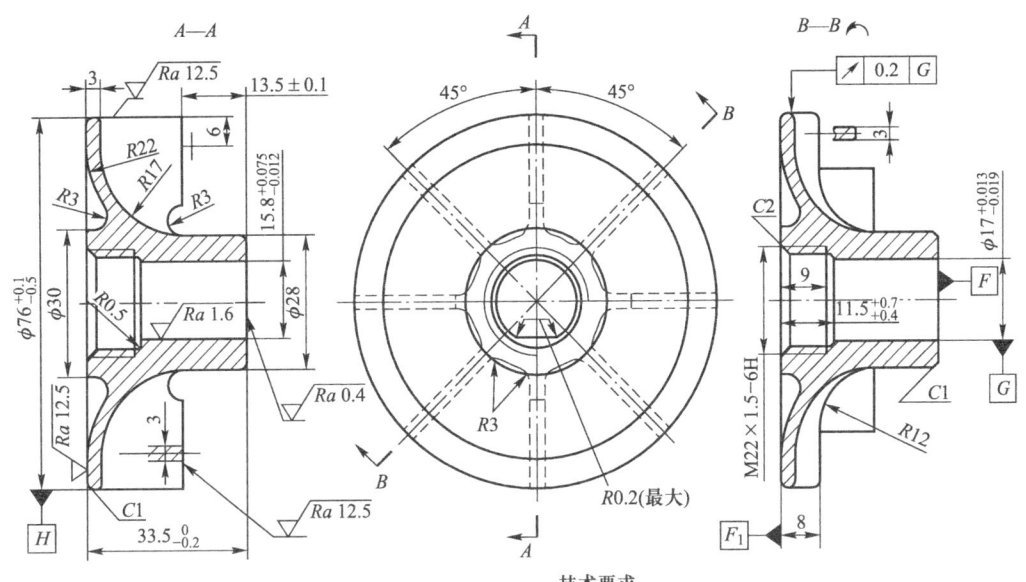

技术要求
1. 铸件不得有气孔、砂眼，非加工面应光整。
2. F 与 F_1 面对 G 孔轴线在半径 12 mm 处的轴向圆跳动公差为 0.03 mm。
3. F 面放在平台上检验，接触面积要在 95% 以上。
4. 铸造圆角 $R1$。

图 9-19 叶轮零件简图

2. 定位基准选择

（1）精基准选择：1）遵循"基准重合"原则，将设计基准作为定位基准，如中心孔、端面。2）遵循"基准统一"原则，如多个工序采用内孔和端面定位。3）遵循"自为基准"原则，如中心孔拉孔。

（2）粗基准选择：遵循保证重要加工面的余量均匀，以及加工面和非加工面的相互位置关系原则，以小端外圆毛面和端面为粗基准定位加工精基准。

3. 表面加工方法确定

依据各加工表面的加工精度和表面粗糙度分别选择每个待加工表面的加工路线。选择叶轮各待加工表面的加工路线如下：

F_1 面（$Ra12.5$）：粗车—半精车—精车；

G 孔（$Ra1.6$）：钻—拉削加工；

H 面及叶片端面（$Ra12.5$）：粗车；

F 面（$Ra0.4$）：粗车—半精车—半精磨—粗研。

4. 工序顺序安排

（1）机械加工顺序：1）遵循"先基准后其他"原则，先加工精基准，即内孔和端面。2）遵循"先粗后精"原则，各主要表面的粗、精加工工序分开。3）遵循"先面后孔"原则，先加工端面再加工内孔。4）遵循"先主后次"原则，先加工主要形面，再加工次要形面，如倒角、攻螺纹。

（2）热处理工序：去磁处理。

（3）辅助工序：清洗，检验。

5. 叶轮的机械加工工艺过程

某汽油机冷却水泵叶轮零件的加工工艺卡及工序 1 的工序卡见表 9-11、表 9-12。

表 9-11 某汽油机冷却水泵叶轮零件机械加工工艺过程卡片

材料牌号	毛坯种类	毛坯外形尺寸	产品型号	产品名称	零件图号	零件名称	每台件数	共页 第页
HT200	铸件	84 mm×42 mm		汽油机		冷却水泵叶轮	1	

工序号	工序名称	工序内容	车间	工段	设备	工艺装备	备注	工时 准终/单件
1	车	以小端外圆面,F 面定位,粗车、半精车大端面,保证尺寸 3.97$_{-0.2}^{0}$ mm 钻 φ14.3 mm 孔 G			CA6140	气动自定心卡盘		
2	拉	以 G 孔自为基准定位,拉孔 φ17$_{-0.019}^{+0.013}$ mm			L6110	自位支承		
3	车	粗车、半精车 F_1 面定位,车叶片外圆面 Hφ76$_{-0.5}^{+0.1}$ mm,车叶片端面保证尺寸 34.66$_{-0.1}^{0}$ mm,车叶片端面保证尺寸 13.73$_{-0.08}^{+0.08}$ mm			CA6140	心轴		
4	车	以 G 孔和 F_1 面定位,精车大端面,保证尺寸 33.77$_{-0.06}^{0}$ mm			CA6140	心轴		
5	磨	以 F_1 面定位,精磨小端面,保证尺寸 33.504$_{-0.056}^{0}$ mm			M7120A	电磁吸盘		
6	去磁	去磁处理						
7	扩	以 G 孔和 F 面定位,扩孔 φ20.4 mm,孔深 11.5$_{+0.4}^{+0.7}$ mm,倒角 C1			Z535	心轴		
8	攻	以 G 孔和 F 面定位,攻螺纹 M22×1.5			Z535	心轴		
9	研	研磨小端面,保证尺寸 33.5$_{-0.06}^{0}$ mm				研磨平台		
10	洗	清洗						
11	检	检验				通用量具		

| 标记 | 处数 | 更改文件号 | 签字 | 日期 | 标记 | 处数 | 更改文件号 | 签字 | 日期 |

| 设计(日期) | 审核(日期) | 标准化(日期) | 会签(日期) |

9.5 盘套类零件

表9-12 某汽油机冷却水泵叶轮零件机械加工工序卡片

机械加工工序卡片		产品型号		零件图号			共 页	第 页
		产品名称	汽油机	零件名称	冷却水泵叶轮		材料牌号	HT200
车间	工序号	工步号	工序名称					
	1		粗车、半精车大端面，钻					
毛坯种类	毛坯外形尺寸		每毛坯可制造件数		每台件数			1
	84 mm×42 mm		1					1
设备名称	设备型号		设备编号		同时加工件数			1
卧式车床	CA6140							
夹具编号	夹具名称				切削液			
	气动自定心卡盘							
工位器具编号	工位器具名称				工序工时			
	125×0.02 游标卡				准终		单件	2

工步号	工步内容	工艺设备	主轴转速 /(r/min)	切削速度 /(m/min)	进给量 /(mm/r)	切削深度 /mm	进给次数	工步时间/min	
								机动	辅助
1	粗车大端面 F_1	气动自定心卡盘；YG6 75°偏头端面车刀	560	132	0.3	4	1	0.30	0.3
2	半精车大端面 F_1，保证尺寸 $3.97_{-0.2}^{0}$ mm	气动自定心卡盘；YG6 75°偏头端面车刀	710	189	0.15		1	0.45	0.2
3	钻 φ14.3 mm 孔 G	W18Cr4V 锥柄麻花钻，φ14.3 mm×200 mm	800	36.6	0.25		1	0.33	0.3

		设计（日期）	审核（日期）	标准化（日期）	会签（日期）
描图					
描校					
底图号					
装订号					
标记	处数	更改文件号	签字	日期	标记	处数	更改文件号	签字	日期

参考文献

[1] 张世昌,李旦,张冠伟.机械制造技术基础.3版.北京:高等教育出版社,2014.
[2] 杨叔子.机械加工工艺师手册.2版.北京:机械工业出版社,2011.
[3] 王先逵.机械加工工艺手册.2版.北京:机械工业出版社,2007.
[4] 机械工程师手册编委会.机械工程师手册.3版.北京:机械工业出版社,2007.
[5] 艾兴,肖诗纲.切削用量简明手册.3版.北京:机械工业出版社,1994.
[6] 赵如福.金属机械加工工艺人员册.4版.上海:上海科学技术出版社,2006.
[7] 陈宏钧.实用机械加工工艺手册.3版.北京:机械工业出版社,2009.
[8] 张彦华.工程材料与成型技术.2版.北京:北京航空航天大学出版社,2015.
[9] 秦大同,谢里阳.常用机械工程材料.北京:化学工业出版社,2013.
[10] 王先逵.机械制造工艺学.3版.北京:机械工业出版社,2013.
[11] 于骏一,邹青.机械制造技术基础.2版.北京:机械工业出版社,2009.
[12] 卢秉恒.机械制造技术基础.3版.北京:机械工业出版社,2008.
[13] 杨叔子.金属切削机床及工艺装备基础.北京:机械工业出版社,2012.
[14] 王光斗,王春福.机床夹具设计手册.3版.上海:上海科学技术出版社,2000.
[15] 朱耀祥.组合夹具.北京:机械工业出版社,1990.
[16] 朱耀祥,浦林祥.现代夹具设计手册.北京:机械工业出版社,2009.
[17] 邹青.机械制造技术基础课程设计指导教程.2版.北京:机械工业出版社,2011.
[18] 于大国.机械制造技术基础与机械制造工艺学课程设计教程.北京:国防工业出版社,2011.
[19] 任家隆,刘志峰.机械制造工艺及专用夹具设计指导书.北京:高等教育出版社,2014.
[20] 李益民.机械制造工艺设计简明手册.2版.北京:机械工业出版社,2014.
[21] Josef Dillinger,等.机械制造工程基础.2版.杨祖群,译.长沙:湖南科学技术出版社,2007.
[22] 冯之敬.机械制造工程原理.3版.北京:清华大学出版社,2015.
[23] 陈明.机械制造工艺学.北京:机械工业出版社,2005.
[24] Serope Kalpakjian, Steven R. Schmid. Manufacturing Engineering and Technology. 7th ed. Englewood:Prentice Hall,2014.
[25] Mikell P. Groover. Fundamentals of Modern Manufacturing: Materials, Processes, and Systems. 5th ed. New York:JOHN WILEY & SONS,INC.2013.

[26] Michael F.Ashby.Materials Selection in Mechanical Design.4th ed.Amsterdam:Elsevier Ltd. 2011.

[27] Steven R.Schmid,Bernard J.Hamrock,Bo O.Jacobson.Fundamentals of Machine Elements. 3rd ed.London:Taylor & Francis,2013.

[28] Richard R.Kibbe,Roland O.Meyer,John E.Neely,Warren T.White.Machine tool practices. 9th ed.Englewood:Prentice Hall,2010.

与本书配套教材及数字课程

"十二五"普通高等教育本科国家级规划教材
机械制造技术基础(第3版)
作者:张世昌　李　旦　张冠伟
出版时间:2014年12月
ISBN:978-7-04-041458-5
网上订购:http://www.hepmall.com

购买请扫

机械制造技术基础数字课程
主　编:张冠伟
参　编:张世昌　倪雁冰　任成祖　林　滨　李　佳　曹克伟
出版发行:高等教育出版社　高等教育电子音像出版社
出版时间:2018年6月
网址:http://icc.hep.com.cn/tju/jxzzjsjc

查看请扫

郑重声明

高等教育出版社依法对本书享有专有出版权。任何未经许可的复制、销售行为均违反《中华人民共和国著作权法》，其行为人将承担相应的民事责任和行政责任；构成犯罪的，将被依法追究刑事责任。为了维护市场秩序，保护读者的合法权益，避免读者误用盗版书造成不良后果，我社将配合行政执法部门和司法机关对违法犯罪的单位和个人进行严厉打击。社会各界人士如发现上述侵权行为，希望及时举报，本社将奖励举报有功人员。

反盗版举报电话　（010）58581999　58582371　58582488
反盗版举报传真　（010）82086060
反盗版举报邮箱　dd@hep.com.cn
通信地址　北京市西城区德外大街4号
　　　　　高等教育出版社法律事务与版权管理部
邮政编码　100120